JN244425

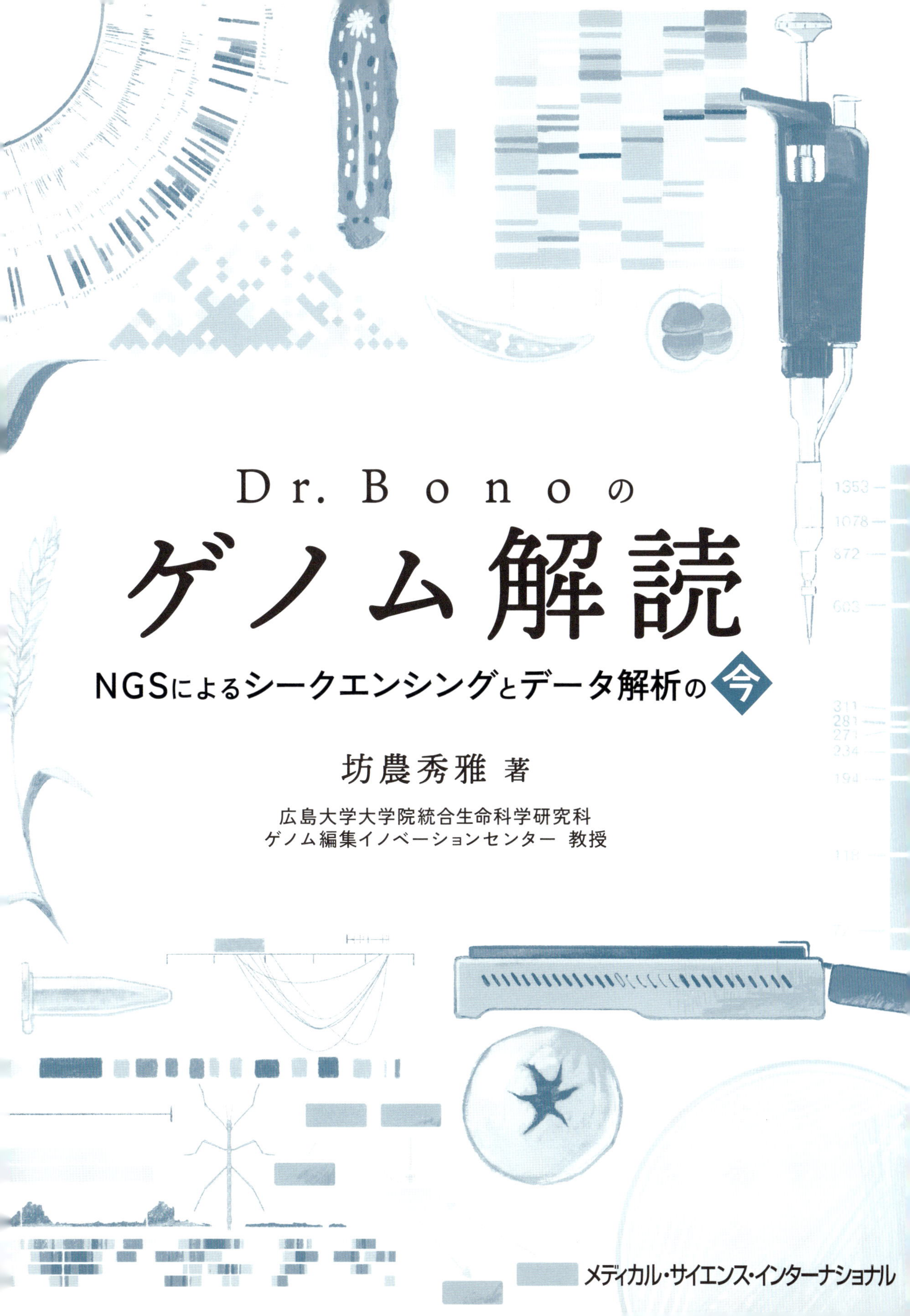

Dr. Bonoの

ゲノム解読

NGSによるシークエンシングとデータ解析の今

坊農秀雅 著

広島大学大学院統合生命科学研究科
ゲノム編集イノベーションセンター 教授

メディカル・サイエンス・インターナショナル

Dr. Bono's Lectures on Genome Sequencing and Data Analysis in the 2020s
First Edition
by Hidemasa Bono

ISBN 978-4-8157-3120-5

Printed and Bound in Japan

序文

遺伝情報はDNAが担っている。

2020年代の今，それは誰でも知っている事実となっている。DNA鑑定という言葉も社会に広く普及している。しかし，そのDNA配列の総体であり，生命の設計図といわれている「ゲノム」というと，果たしてどうだろうか？　2003年にヒトゲノムが解読されたとはいえ，その後20年以上経つ2020年代になっても解決していないことは多数ある。例えば，ヒトゲノムの大部分が解読されたことで，生命現象の解析や遺伝子がからむ疾患の仕組みの解明が可能となり，新たな医薬品開発の道が開かれたことによるゲノム創薬ブームにもかかわらず，まだ遺伝性の病気のすべてを治すには至っていない。それどころか，ヒトゲノムにある遺伝子が全部でいくつあるかもいまだにわかっていないのが現状である。

DNA配列の並びを決定するDNA配列解読技術は，2003年のヒトゲノム解読後も技術開発が進められた。その結果2024年現在，日本においても個人のヒトゲノム解読サービスが10万円以下で提供されている。つまり2020年代の今，約30億塩基ものDNAの並びをもつヒトのゲノム配列解読が可能となっているということであり，またすべての生物のゲノム配列が解読できるようになっていることを意味する。実際，2020年に立ち上がった著者の研究室では，データ駆動型ゲノム育種（デジタル育種）の技術開発の一環として，アカシソやアオノリ，カイコ，ミツバチなど，産業上有用な生物のゲノム配列を解読してきた［注：「DNA配列」は塩基（A，T，G，C）の並び順のことを，「ゲノム配列」はある生物がもつDNAの全情報，つまりその生物の全塩基配列のことを指す］。

しかし，ゲノムはどうやったら解読できるのかという知識は，ほとんどまったくといっていいほど広まっていない。さらに，その解読したゲノム配列を使ったゲノム解析がどうなされていくのかも知られていない［注：ゲノム解析は狭義にはゲノム配列解読だけのことを指すが，本書ではゲノム配列を使ったデータ解析すべてをさしてゲノム解析と呼ぶ]。最新の生物学の教科書であってもヒトゲノム解読がどのようにして行われたかという古典的なゲノム解析は解説されていても，2020年代に行われているゲノム解析は載っていない。ちょうど2020年からのコロナ禍のために人的交流が希薄となったため，専門家であるはずの生物学研究者でも最新技術の情報アップデートが滞っているのだから無理もなかろう。

そこで本書では，著者の研究室で行っているゲノム解読をはじめとするゲノム解析について，2020年代の現在用いられているゲノム解読手法とそのデータ解析，ひいてはその応用を中心に，日本語で平易に解説することを試みた。そこに至るまでのゲノム解析の歴史や変遷を「これまでのゲノム解析」として第1章に，また「これからのゲノム解析」として今後利用が期待される技術や問題点を第3章にまとめた。さらに，広く多くの人に読んでもらえるように，第0章に分子生物学の基礎的な知識を解説した。すでに専門的な知識をもつ読者はここを飛ばして読み進んでいただきたい。

なお解読したゲノム配列によるデータ解析に関しては，その解析プログラムの流行り廃りが著しく，また開発途上のものがほとんどであるため，具体的な解析プロトコルに関しては割愛した。データ解析プロトコルを成書に掲載することの限界を感じており，掲載した矢先から動作しなくなったり，すでに古くなっているということもある。個別の技術に関する有用な情報はすぐに古くなってしまうのがこの種の情報の常である。最新情報はインターネット上に誰でも見られるところに置かれているので，それらの情報は適宜補完していただければと思う。まずは本書で紹介する，ゲノム解読に関する2020年代の最新の知識を広く多くの方に知っていただければ幸いである。

2024年10月　**坊農秀雅**

本書の使い方

本書は，はじめからの通読ももちろん可能だし，リファレンスとして知りたい項目のみの利用も可能である。すでに生命科学分野の知識をある程度持っている場合，特に2020年代の技術だけを知りたいときは，いきなり第2章「2020年代のゲノム解析」から読むとよいだろう。

データベースやウェブツールの使い方は非常に重要なものを除き本書では詳細を紹介していないが，統合TV（`https://togotv.dbcls.jp/`）にそれらが多数掲載されており，それぞれへの直リンクを適宜示してある。統合TVとは，生命科学分野のデータベースやウェブツールのチュートリアル動画を発信しているライフサイエンス統合データベースセンター（DBCLS）によるウェブサイトである。YouTubeの日本語版が始まった2007年より統合TVも開始されており，YouTubeにもその動画コンテンツがアップされている。動画マニュアル，講演，ハンズオン講習という3つのカテゴリーに分かれており，2024年10月末時点では，それぞれ，動画マニュアル792，講演1,128，ハンズオン講習295の合計2,215件の動画が公開されている。

また，それ以外の動画によるコンテンツへのリンクも多数掲載してあるので，理解を深めるためにぜひ見ていただきたい。

概要目次

序文 …… iii

第0章　はじめに：なぜゲノムを解読するのか？ …… 1

0.1　生物は細胞でできている …… 1
0.2　分子生物学の基礎知識 …… 3
0.3　なぜゲノムを解読するのか？ …… 10

第1章　これまでのゲノム解析 …… 13

1.1　DNA 塩基配列決定法の発明 …… 13
1.2　国際塩基配列データベース共同研究 …… 15
1.3　ヒトゲノム計画開始 …… 19
1.4　モデル生物種のゲノム解読 …… 22
1.5　トランスクリプトーム解析 …… 25
1.6　DNA 配列解読技術の進展 …… 36

第2章　2020年代のゲノム解析 …… 43

2.1　ゲノム配列の公共データベース …… 43
2.2　ゲノム解読のためのサンプリング …… 63
2.3　ゲノム配列解読の実際 …… 73
2.4　ゲノムアセンブル …… 87
2.5　データの注釈づけ（アノテーション） …… 93
2.6　データの解釈とその利用 …… 102

第3章　これからのゲノム解析 …… 115

3.1　新たな次世代シークエンサー …… 115
3.2　新たな応用 …… 121
3.3　新たな問題 …… 126

索引 …… 129
著者紹介 …… 137

詳細目次

序文 iii
本書の使い方 v

第0章　はじめに：なぜゲノムを解読するのか？ 1
0.1 生物は細胞でできている 1
0.2 分子生物学の基礎知識 3
DNA（デオキシリボ核酸） 3
セントラルドグマ 6
遺伝子工学のツール：酵素 9
逆転写酵素 9
制限酵素 9
ヌクレアーゼ 9
0.3 なぜゲノムを解読するのか？ 10

第1章　これまでのゲノム解析 13
1.1 DNA 塩基配列決定法の発明 13
1.2 国際塩基配列データベース共同研究 15
1.3 ヒトゲノム計画開始 19
1.4 モデル生物種のゲノム解読 22
1.5 トランスクリプトーム解析 25
expressed sequence tag（EST） 26
発現マイクロアレイ 28
RNA sequencing（RNA-Seq） 32
リファレンスありの場合のデータ解析 32
リファレンスなしのデータ解析 33
RNA-Seq vs. マイクロアレイ 34
1.6 DNA 配列解読技術の進展 36

パイロシークエンス法 38
sequence by hybridization（SBH）法 39
半導体チップによるプロトン測定法 40
総括 41

第 2 章　2020 年代のゲノム解析 43

2.1 ゲノム配列の公共データベース 43
学名で検索しよう 43
近縁種を調べよう 47
ゲノム配列の公共データベース 47
NCBI Datasets 48
whole genome shotgun（WGS） 53
モデル生物種のゲノムデータベース 55
UCSC Genome Browser 56
Ensembl Genome Browser 59
ゲノムアノテーションデータの統合化 62

2.2 ゲノム解読のためのサンプリング 63
基本的な実験器具 64
DNA の量と質 66
どこからとってくるか 68
倍数体の問題 70
実験自動化 71

2.3 ゲノム配列解読の実際 73
ショートリードシークエンサー 73
Quality score 76
FASTQ 形式の詳細な説明 76
ロングリードシークエンサー 79

PacBio シークエンシング 79
ナノポアシークエンス法 84
2.4 ゲノムアセンブル 87
ゲノムのカバレッジ 88
ゲノムアセンブラ 89
染色体上の近接の情報（Hi-C） 90
scaffold 92
T2T ゲノム 92
2.5 データの注釈づけ（アノテーション） 93
ゲノムアノテーション 94
遺伝子コード領域のアノテーション 94
転写開始点のアノテーション 95
染色体上の近接の情報（Hi-C）のアノテーション 95
ChIP-seq と ATAC-seq によるアノテーション 96
ゲノムアノテーションの可視化 97
機能アノテーション 97
オーソログ割り当て 97
Gene Ontology（GO） 99
Fanflow 100
2.6 データの解釈とその利用 102
比較ゲノム解析 102
エンリッチメント解析 102
ゲノム編集 105
ゲノム編集とは 106
これまでのゲノム編集生物の実例 107
ゲノム編集ターゲットデザイン 107
大規模なゲノム解析結果の利用 108
公共トランスクリプトームデータの利用 109

文献データの利用 …… 111
経路データの利用 …… 112

第 3 章　これからのゲノム解析 …… 115

3.1 新たな次世代シークエンサー …… 115
AVITI …… 115
ONSO …… 117
Platinum …… 117
3.2 新たな応用 …… 121
ヒト個人ゲノム …… 121
シングルセル解析 …… 121
空間トランスクリプトーム解析 …… 123
パンゲノム解析 …… 124
エピゲノム解析 …… 125
3.3 新たな問題 …… 126
ゲノム編集技術の利用 …… 126
個人ゲノム情報の取り扱い …… 127
海外の遺伝資源の利用 …… 127

索引 …… 129
著者紹介 …… 137

コラム

ウイルスとそのゲノム ………… 2
1990年代のゲノム配列解読の実際 ………… 23
transcriptome shotgun assembly（TSA） ………… 55
大規模データ解析に必要なこと ………… 62
配列相同性と配列類似性 ………… 98
AlphaFold ………… 110

0 はじめに：なぜゲノムを解読するのか？

以降の章での記述を理解するために最低限必要な分子生物学の知識を概説する。詳細は分子生物学の教科書などを参照してほしい。

0.1 生物は細胞でできている

どんな生物も細胞でできている。その細胞は，細胞核がないかあるかで区別されており，それぞれ原核細胞と真核細胞と呼ばれる（**図 0-1**）。原核細胞には細胞核はないが遺伝情報をもつゲノム（genome；物質としては DNA）があり，また染色体外 DNA エレメントとしてプラスミドをもっている。

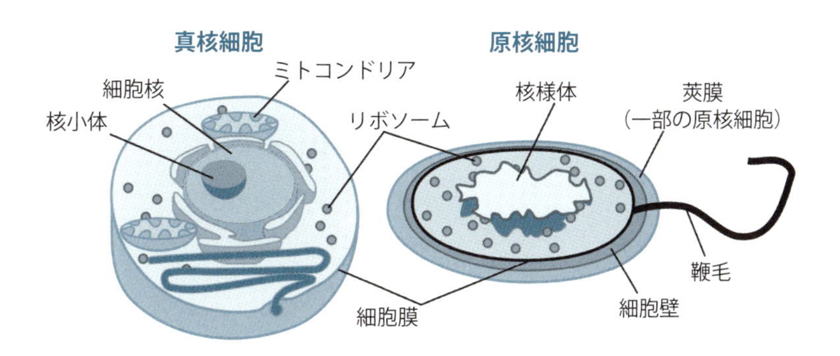

図 0-1　原核細胞と真核細胞
https://commons.wikimedia.org/wiki/File:Celltypes.svg より。

コラム

ウイルスとそのゲノム

ウイルスは独自の遺伝情報をもつ寄生体で，その遺伝情報を伝えるDNAやRNA（つまりゲノム）を覆っている粒子を構成する部品であるタンパク質の合成を，感染する宿主細胞に依存している。ウイルスにはさまざまな種類があり，大きさや粒子の構造が異なるだけでなく，遺伝情報の実体とコピーの作り方まで実に多様である。

例えば，新型コロナウイルス（SARS-CoV-2）はコロナウイルス科に属するウイルスで，一本鎖のRNAを遺伝子としてもつウイルスである。ウイルス粒子の電子顕微鏡写真を見ると，粒子の外側を覆う脂質の膜（エンベロープと呼ぶ）のスパイクタンパク質が王冠のように見えたことから「コロナ（王冠）」ウイルスと命名された。

ウイルスの中には，宿主のゲノムの中にみずからの設計図をもぐりこませるものがいる。これらはレトロウイルスの仲間で，宿主はせっせとウイルスが必要なものを作る。ウイルスの設計図が，精子や卵子の細胞にもぐりこむと，宿主の子孫に受け継がれていく。長い時間をかけて，ウイルスの設計図としての働きは失われ，宿主の細胞の中で新たな働きが獲得されることがある。このように，ウイルスは生物の進化に大きな影響を与えている。

真核細胞には細胞核があり，その中にゲノムがある。また，細胞小器官（オルガネラとも呼ばれる）としてミトコンドリアが，植物細胞ではさらに葉緑体が1個以上ある。これらの細胞小器官も独自にゲノムをもつ。例えば，ヒトのミトコンドリアのゲノムサイズは約17,000塩基で，シロイヌナズナの葉緑体ゲノムサイズは約15万塩基である。

真核生物のゲノムはさらに細かく見ていくと，DNAは染色体と呼ばれる1本以上の直鎖分子に組織化されている（**図0-2**）。

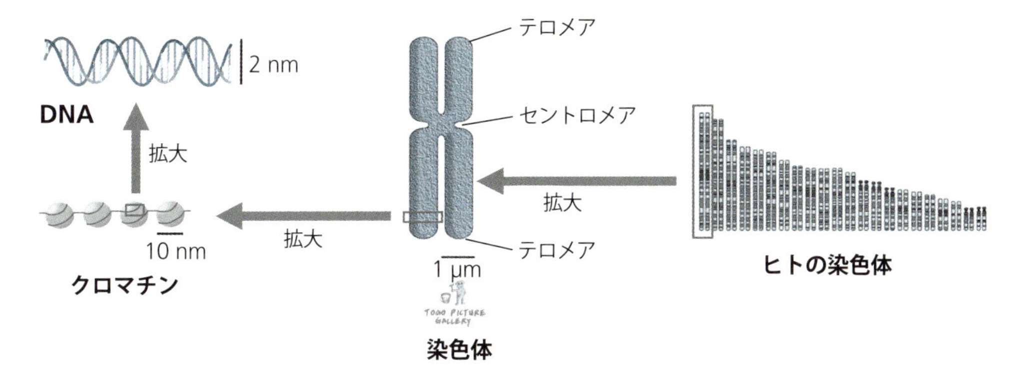

図 0-2　染色体
DNA はヒストンタンパク質と結合し，クロマチンと呼ばれる構造をとる。クロマチンの鎖はさらに折り畳まれ，染色体と呼ばれる直鎖分子を形成する。ヒトにおいてはこの染色体が 46 本（23 対）あり，そのうち 44 本（22 対）は常染色体，残りの 2 本は男女の性別を決定づける性染色体となっている。性染色体は X と Y の 2 種類があり，女性の場合は X 染色体が 2 本，男性は X 染色体と Y 染色体が 1 本ずつ，と男女によって異なっている。

0.2　分子生物学の基礎知識

それでは，細胞がもつ遺伝情報はどうやって次世代に伝えられていくのだろうか？　その分子メカニズムは現在，以下のように理解されている。

DNA（デオキシリボ核酸）

DNA とは，デオキシリボース（deoxyribose）と呼ばれる糖分子が，リン酸（phosphate）で多数つながっている長い高分子である。そのリン酸とデオキシリボースが繰り返しつながって巨大分子の骨格をなし，デオキシリボースに塩基と呼ばれる分子集団が結合している。その塩基にはアデニン（adenine），シトシン（cytosine），グアニン（guanine），チミン（thymine）の 4 種類がある（**図 0-3**）。化学構造式を 1 から書くのは大変なので，それぞれの頭文字である A，C，G，T の 1 文字略称の連続で DNA 配列を表記するのが慣例となっている。また，5′ 側（5′ end；ファイブプライムエンドと読む）から 3′ 側（3′ end；スリープライムエンド）へと記述するのが慣例となっており，この図 0–3 の例では，ACTG と表される。

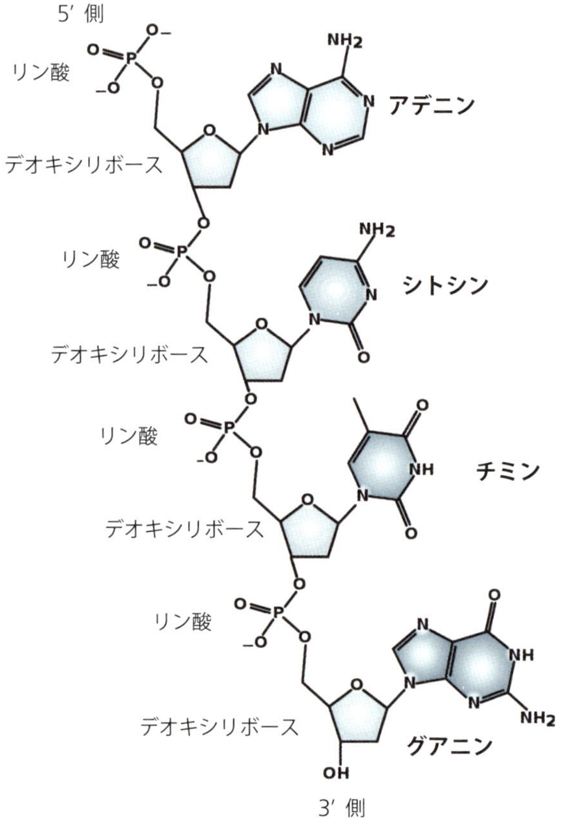

図 0-3　デオキシリボ核酸（DNA）

DNA（一本鎖）の化学構造。ここでは４つの繰り返しのみを表示しているが，実際にはこれが数万から数億も繰り返して生物のゲノムを構成している。

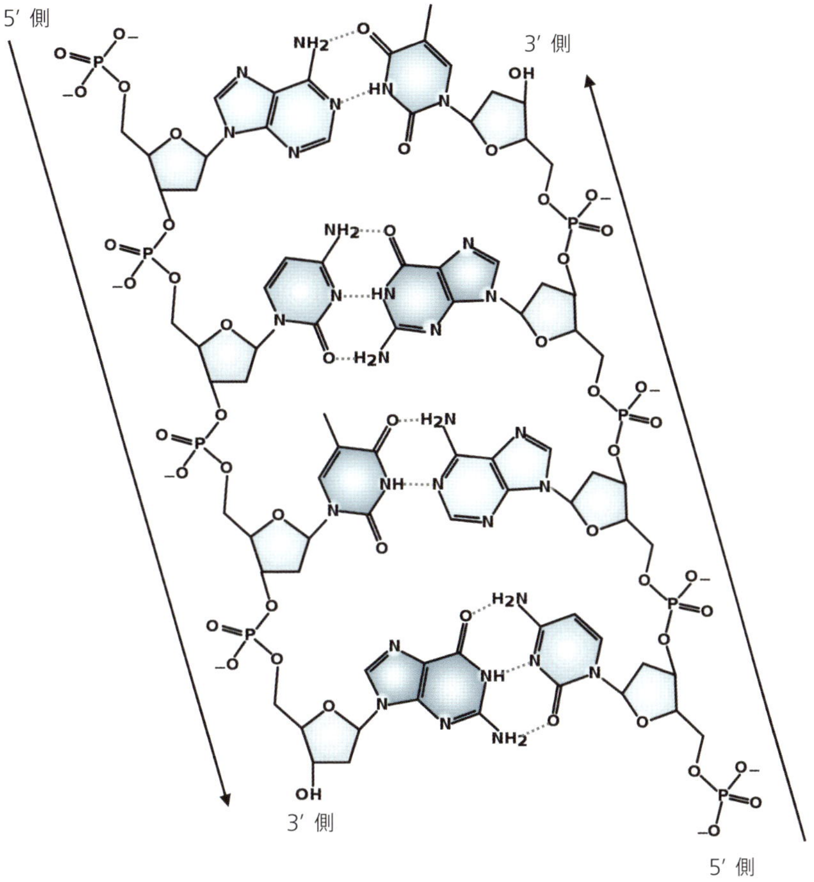

図 0-4　二本鎖 DNA

二本鎖 DNA の化学構造。対となった DNA の鎖のことを相補鎖と呼ぶ。5′ → 3′ の向きがもとの鎖と相補鎖とでは逆になっている点に注意。

DNA は図 0-3 のように一本鎖の状態のときもあるが，塩基間に水素結合を作ることでより安定な二本鎖の状態になる。アデニン（A）にはチミン（T），グアニン（G）にはシトシン（C）が対となる。それによって二本鎖 DNA が形成される（**図 0-4**）。DNA 複製時には，この二本鎖がほどかれ，それぞれの鎖がコピーをつくるための鋳型となる。この二本鎖を形成する現象こそが，DNA が遺伝情報を担う物質となっている化学的な本質なのである。

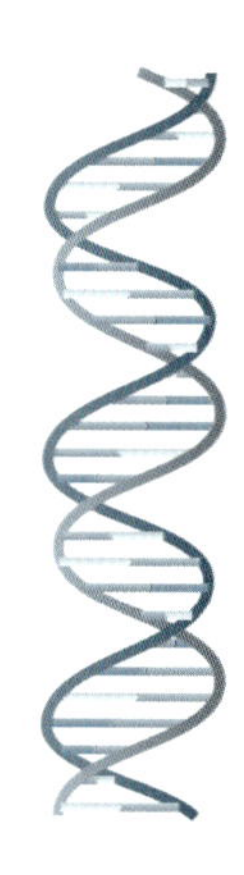

図 0-5　DNA 二重らせん
DNA 二重らせん構造の模式図。

この二本鎖 DNA は，安定な状態では二重らせんの立体構造をとることが広く知られており，らせんの巻き方は通常右巻きである（**図 0-5**）。

セントラルドグマ

以下の一連の遺伝情報の流れをセントラルドグマと呼んでいる（**図 0-6**）。

1. DNA ポリメラーゼによって DNA が複製（replication）される。DNA の二重らせん構造をほどき，片方の鎖を鋳型として DNA を複製していく。
2. RNA ポリメラーゼによって RNA が転写（transcription）され，メッセンジャー RNA（messenger RNA：mRNA）が作られる。転写されるゲノムの領域のことを遺伝子（gene）と呼ぶ。真核生物の遺伝子では，スプライシングによって特定の部分だけが mRNA となる。その部分のことをエクソン（exon）と呼び，除かれる部分をイントロン（intron）と呼ぶ（**図 0-7**）。
3. その mRNA はリボソームによって翻訳（translation）されて，アミノ酸配列（タンパク質）になる。3 塩基の組み合わせで 1 つのアミノ酸に翻訳され，その翻訳のなされ方はコドン表にまとめてある（**表 0-1**）。

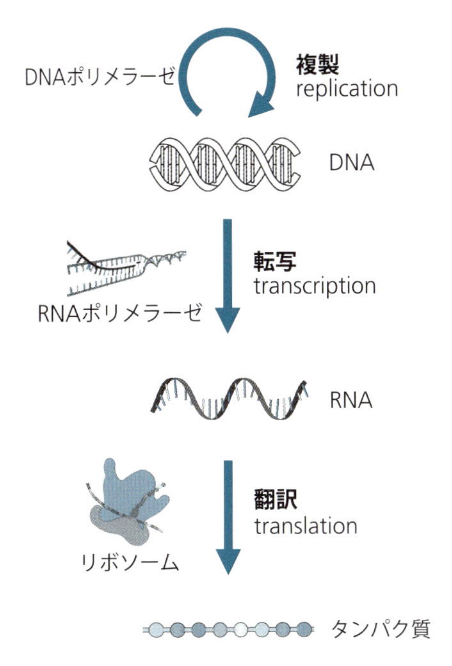

図 0-6　セントラルドグマ

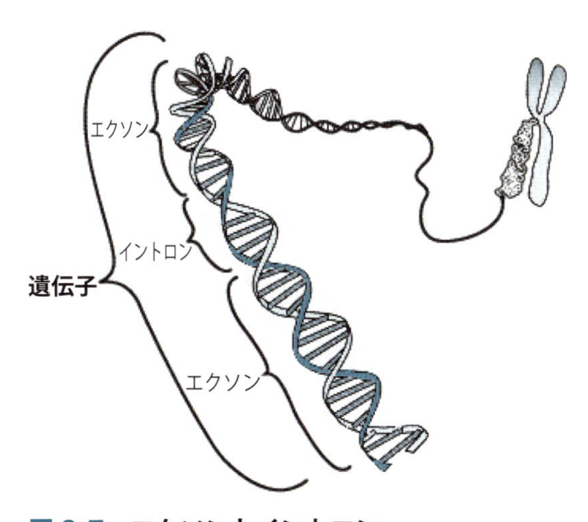

図 0-7　エクソンとイントロン

表 0-1　コドン表

[*1]ATG は開始コドン。
[*2]TAA，TAG，TGA は終止コドン（STOP コドン）と呼ばれ，そこで翻訳が終了する。

1文字目	2文字目								3文字目
	T		C		A		G		
T	TTT	Phe（F）	TCT	Ser（S）	TAT	Tyr（Y）	TGT	Cys（C）	T
	TTC		TCC		TAC		TGC		C
	TTA	Leu（L）	TCA		TAA[*2]	STOP	TGA[*2]	STOP	A
	TTG		TCG		TAG[*2]		TGG	Trp（W）	G
C	CTT	Leu（L）	CCT	Pro（P）	CAT	His（H）	CGT	Arg（R）	T
	CTC		CCC		CAC		CGC		C
	CTA		CCA		CAA	Gln（Q）	CGA		A
	CTG		CCG		CAG		CGG		G
A	ATT	Ile（I）	ACT	Thr（T）	AAT	Asn（N）	AGT	Ser（S）	T
	ATC		ACC		AAC		AGC		C
	ATA		ACA		AAA	Lys（K）	AGA	Arg（R）	A
	ATG[*1]	Met（M）	ACG		AAG		AGG		G
G	GTT	Val（V）	GCT	Ala（A）	GAT	Asp（D）	GGT	Gly（G）	T
	GTC		GCC		GAC		GGC		C
	GTA		GCA		GAA	Glu（E）	GGA		A
	GTG		GCG		GAG		GGG		G

遺伝子工学のツール：酵素

酵素とは化学反応を触媒するタンパク質分子のことである。この酵素にはいろいろな種類が知られており，前述のDNAポリメラーゼやRNAポリメラーゼも酵素である。それ以外にも，分子生物学の実験で利用されている酵素として知っておくべきものを紹介する。

逆転写酵素

逆転写酵素（reverse transcriptase）とは，レトロウイルスの増殖に必須の因子として発見された，RNAを鋳型としてDNAを合成する酵素である。一本鎖RNAを鋳型としてDNAを合成するので，「逆転写」酵素と呼ばれる。前述のセントラルドグマ（図0-6）に従って，DNAはDNA自身の複製によって合成され，遺伝情報はDNAからRNAへの転写によって一方向にのみ伝達されると考えられてきた。しかし，この酵素の発見により遺伝情報はRNAからDNAへも伝達されうることが明らかとなり，セントラルドグマの例外ともいわれた。合成されるDNAは，complementary DNA（cDNA（シーディーエヌエー））と呼ばれ，不安定なmRNAのコピーとして利用され，遺伝子工学に必須のツールとなっている。

制限酵素

制限酵素（restriction enzyme）とは，DNA上の特定の塩基配列を認識し切断する酵素で，遺伝子工学において重要なツールとなっている。なかでもII型と呼ばれる制限酵素は多くの場合，4～8塩基対からなる相補鎖の配列も互いに同じであるパリンドローム（回文）配列を認識し，配列内部の対称的な位置を切断する（**図0-8**）。切断によって粘着末端（5′または3′突出末端）または平滑末端が生じる。遺伝子工学においてはこの性質をうまく使い，DNA配列の切り貼りをすることで目的の分子を作成している。

ヌクレアーゼ

ヌクレアーゼ（nuclease）とは，核酸の加水分解を促進する酵素であるが，要するにゲノムのDNA配列を切るというハサミの役割をする。このDNAの二本鎖を切断（double strand break〔DSB〕と呼ばれる）する性質がゲノム編集に

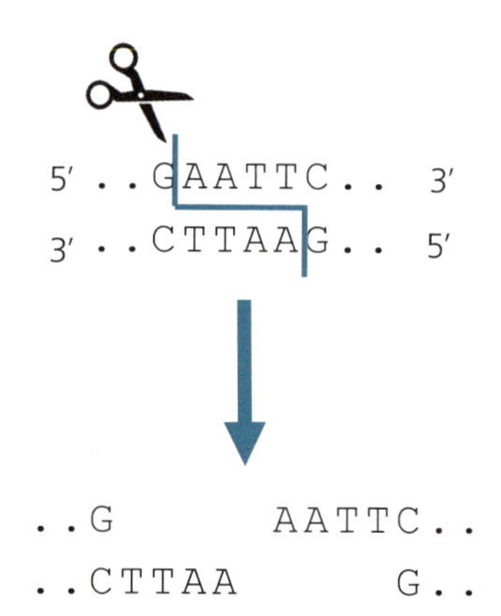

図 0-8　制限酵素による認識配列の切断
制限酵素 *Eco*R I は GAATTC という６塩基からなるパリンドローム配列を認識して，図に実線で示した位置で DNA 二本鎖を切断する。その切断の結果，突出した粘着末端が生じる。

おいて利用されている。CRISPR–Cas9 システムにおける Cas（CRISPR associated）タンパク質がこのヌクレアーゼの活性をもち，DSB を起こす［注：CRISPR は「クリスパー」と読み，Clustered Regularly Interspaced Short Palindromic Repeats の頭文字で，クラスター化して規則的な配置の短い回文配列リピート，原核生物の感染抵抗性座位のことである。参照：`https://allie.dbcls.jp/short/exact/Any/CRISPR.html`］。生物がもつ，切られた DNA 配列を修復する際の仕組みをうまく利用することで，DNA に欠失や挿入を起こす。

0.3 なぜゲノムを解読するのか？

基本的な知識の概説が終わったところで，基本的な問いである「なぜゲノムを解読するのか？」に立ち戻ろう。ゲノムを解読する理由は何であろうか？　著者は以下のように考えている。

すべての地球上の生物は遺伝情報を保持する物質としてとして DNA（もしくは RNA）を使っている。その情報を解読することがその生物を理解する第一歩となるからである。しかし，ゲノムを解読しただけでは「部品」がわかっただけで，結局何もわからないのではないかといわれるかもしれない。ゲノムにコードされている遺伝子や，その遺伝子の発現するパターンなど，測定すべき情報はまだまだある。そういった情報を解析するための第一歩にすぎないゲノム解読かもしれないが，それでも生命の設計図を読みとくためには必要なプロセスであるのは間違いないだろう。

以下の章でゲノムを解読する技術の歴史的な推移（第 1 章）と，2020 年代に使われている実際のゲノム配列解読技術（第 2 章）について詳細に解説していく。

1 これまでのゲノム解析

かつてはゲノム配列解読のために日常的に行われてきた，大腸菌で配列解読したいプラスミドを大量に増やす，などの日常的な実験は，現在ではその目的においては使用されなくなっている。しかし，2020年代のゲノム解析手法が確立されるまでの歴史を学ぶことは，その技術を深く理解し，今後の新たな手法を開発するためには非常に重要なことである。そこで，この章ではこれまで開発されてきたゲノム配列解読技術を中心に，その周辺技術がいかにして短期間のうちに進化してきたのかを紹介する。

1.1 DNA塩基配列決定法の発明

1970年代に英国のFrederick Sanger（フレデリック・サンガー）らによってDNA配列決定法が発明され，その手法を使って1977年にバクテリオファージφX174のDNA配列（5,375塩基長）が解読された（Sanger F et al. *Nature*. 1977；265：687–95. https://doi.org/10.1038/265687a0）。現在，サンガー法（Sanger sequencing）として一般に知られているその手法は，DNA塩基配列を決定するための手法として今も広く使われている。

サンガー法の基本的な原理は，DNAポリメラーゼを利用してDNA鎖の複製を行い，その後得られるサンプルを電気泳動によってその長さで分離することである（**図1-1**，**1-2**）。それによって，われわれの目では見えないDNA分子の塩基の並びをうまく解読することができたのである。

図 1-1　電気泳動

電気泳動は，溶液中の電荷をもった物質を電場のもとで移動させる現象を指し，核酸（DNA・RNA）やタンパク質などの水溶液中で荷電する物質を電圧をかけて移動させながら，大きさで分離して分析する重要な手法である。DNA は水溶液中ではマイナスに荷電することから，アガロースゲルやポリアクリルアミドゲルといった支持体に DNA をセットし電流を流すことで DNA は陽極側（図では下方）へと引っ張られる。長い DNA 断片はゲルの中を移動しづらいので上のほうに，短い断片は移動しやすいので下のほうに存在する。DNA 断片の大きさによって移動度が変わり，それを利用して DNA をサイズ別に分離できる。©2016 DBCLS TogoTV, CC-BY-4.0

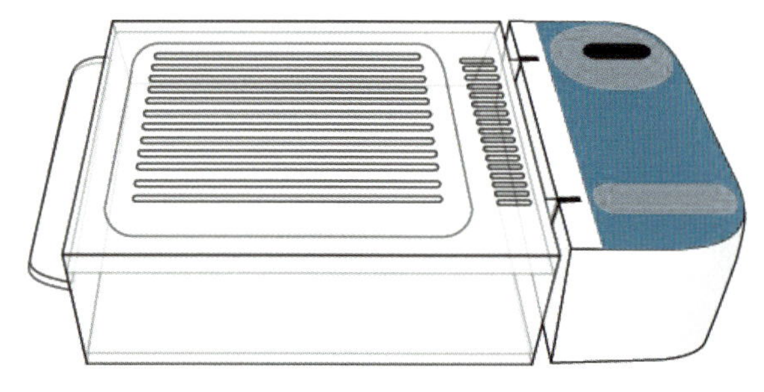

図 1-2　電気泳動装置

電気泳動をする装置。電気泳動槽とも呼ばれる。ゲルを緩衝液に沈めて電気泳動を行うため，海中の潜水艦（サブマリン）に例えられ，サブマリン電気泳動という呼び方もされる。©2016 DBCLS TogoTV, CC-BY-4.0

この際のポイントは A，T，G，C 4 種類のデオキシヌクレオチド（deoxynucleotide：dNTP）に加えて，蛍光標識された 4 種類のジデオキシヌクレオチド（dideoxynucleotide：ddNTP）を少量混ぜあわせることである。その結果，いくつかの分子では dNTP の代わりに ddNTP が取り込まれることによって DNA の伸長反応が停止し，それ以上 DNA の鎖が伸びないようになる。その結果，長さの違うフラグメントが電気泳動のバンドとして検出され，塩基配列が決定できるというものである。具体的な手順は以下のとおりである。

1. テンプレート DNA の一本鎖に，プライマー（合成された短い DNA 鎖）をハイブリッド形成させる。

2. DNAポリメラーゼを使って，プライマーから新しいDNA鎖を合成する。このとき，dNTPに加えて蛍光標識されたddNTP（A，T，C，Gの各塩基に対応した色）が挿入される。ddNTPが挿入されてしまうとポリメラーゼ反応はそれ以上進まなくなり，DNAの複製はそこで止まる。
3. サンガー法では，各種類のddNTPが異なる色で蛍光標識されている。したがって，反応後のDNAフラグメントを分離し，蛍光の強度や色を検出することで，塩基配列を読みとることができる。

詳細はYouTubeの動画を参照。
https://youtu.be/vK-HlMaitnE

サンガー法は，その高い精度と信頼性から，長い間主要なDNAシークエンス手法として使用されてきた。2020年代においても，次世代シークエンス法（next generation sequencing：NGS）と呼ばれる，サンガー法の次の世代のDNAシークエンス法が大規模な配列解読で広く用いられている一方，サンガー法も小規模なDNA配列決定などに引き続き使われている。その理由は，これまでに広く普及したことによりコストが低いためで，ねらった特定の領域のDNA配列決定においてはまだまだ現役で使われている。例えば，ゲノム編集実験においてねらった位置でゲノム編集がちゃんと起きているかどうかの確認などがその事例である。

1.2　国際塩基配列データベース共同研究

DNA配列解読が可能となった結果，1980年代には塩基配列（DNA配列）データを格納するデータバンク（データベース；以下DBと略す）を設立する動きがあり，米国，欧州，日本のそれぞれで立ち上げられた。

この塩基配列DB化の動きよりも10年以上前からタンパク質配列（アミノ酸配列）のDB化は行われてきた（Atlas of Protein Sequence and Structure〔1965〕という書籍による）ものの，塩基配列データに関してはそれとは違った

表 1-1　世界の DNA 配列 DB

米国	Los Alamos National Laboratory で DB 化が始まり（1979），NIH に移管されて GenBank となり（1982），その後 NIH の研究所である National Center for Biotechnology Information（NCBI）によって維持管理
欧州	EMBL-DB として始まり（1982），ENA（European Nucleotide Archive）として European Bioinformatics Institute（EBI）にて維持管理
日本	DDBJ（DNA DataBank of Japan）として京都大学化学研究所で始まり（1983），その後国立遺伝学研究所に移管

参考：https://www.ddbj.nig.ac.jp/about/index.html

動きがあった。

それは，DNA 配列に関しては国際塩基配列データ共同研究（International Nucleotide Sequence Database Collaboration：INSDC）として前述の 3 つの地域の DB 維持機関による国際的な協力関係が築かれ，2024 年現在までもそれが続いている，ということである（**表 1-1**；https://www.insdc.org/）。

INSDC として長年維持されてきた在来の塩基配列データベースは GenBank や EMBL，DDBJ と呼ばれてきた（ここでは，その代表として「DDBJ」と呼称する）。DDBJ の登録塩基数を**図 1-3** に示した。登録塩基数の増加は著しく，年を追うごとに指数関数的に増加していることが読みとれる（縦軸は対数となっている）。最新の登録数によると，約 42 億（4.2 G）配列が登録され，総塩基数は約 30 兆（30 T）塩基となっている。なお，T（テラ）などの接頭語に関しては，**表 1-2** の大きな数値を表す接頭語を参照。

2000 年代中盤からは，その DDBJ 以外に次世代シークエンサーから得られる塩基配列データの DB として Sequence Read Archive（SRA（エスアールエー））が開始された［注：国立遺伝学研究所の DDBJ では SRA のことを DDBJ Sequence Read Archive（DRA）と呼んでいる］。**図 1-4** を見ての通り，2007 年の開始後から非常にデータ量が多くなっている。DDBJ の登録塩基数の推移と同様に，SRA の登録塩基数の推移の図

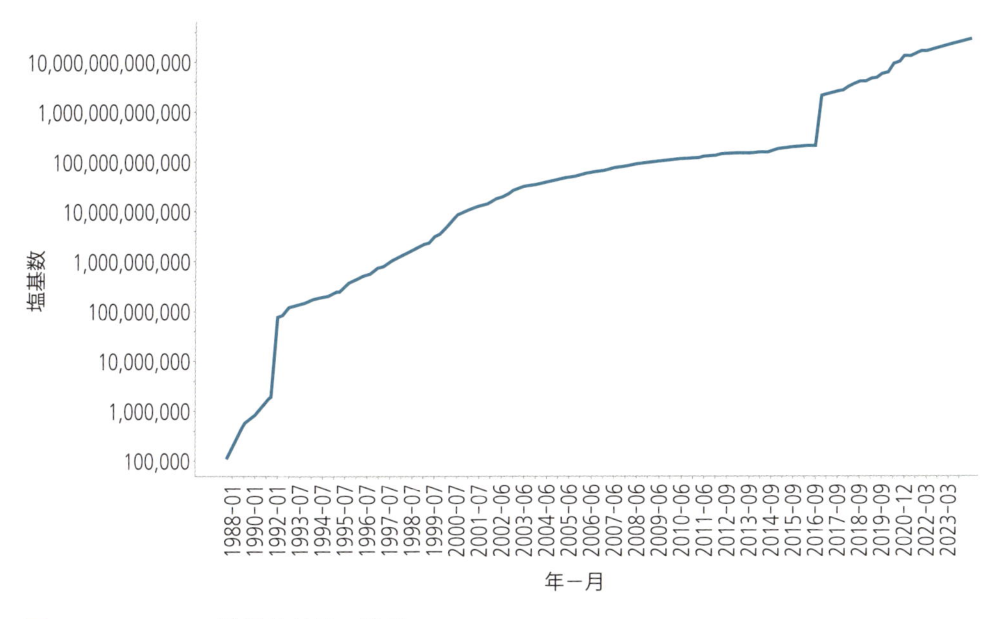

図 1-3　DDBJ の登録塩基数の推移

塩基数で見た DDBJ の登録数の年別推移。DDBJ 登録・公開データ量（`https://www.ddbj.nig.ac.jp/statistics/`）の「DDBJ データ公開」の数値をもとに可視化。縦軸は対数となっていることに注意。いくつかの箇所で急に塩基数が増えているのは，登録データポリシーの変更などで大規模なデータの登録があったためと考えられる。縦軸の目盛は 0 が多くて判読しにくいが，一番上で 10 T 塩基となっている。

表 1-2　大きな数値を表す接頭語

接頭語	読み	大きさ	和名
k	キロ	10^3	千
M	メガ	10^6	百万
G	ギガ	10^9	十億
T	テラ	10^{12}	兆
P	ペタ	10^{15}	千兆
E	エクサ	10^{18}	百京

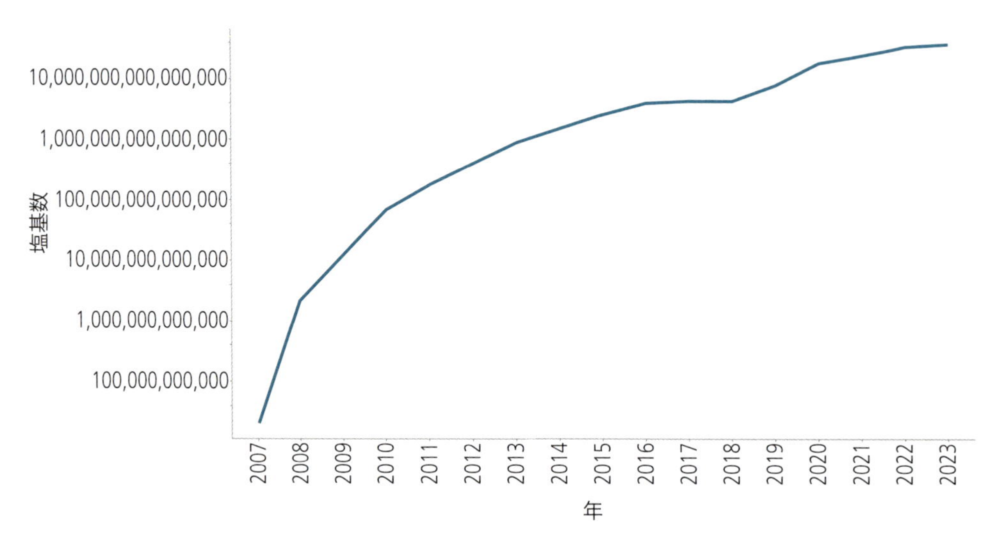

図 1-4　SRA の登録塩基数の推移

塩基数で見た SRA の登録数の年別推移。DDBJ 登録・公開データ量（https://www.ddbj.nig.ac.jp/statistics/）の「DRA データ公開」の数値をもとに作成。縦軸は対数となっていることに注意。縦軸の目盛は 0 が多くて判読しにくいが，一番上で 10 P 塩基となっており，DDBJ の場合の 1,000 倍となっている。

も増加が著しいため，縦軸は対数となっており，また DDBJ と比べて塩基数の目盛は 1,000 倍となっている。その傾きは近年緩やかにはなってきているものの，DDBJ と同じく登録塩基数は指数関数的に増え続けている。最新の登録数によると，約 193 兆（193 T）配列が登録され，総塩基数は約 3.7 京（37 P）塩基となっている（P（ペタ）に関しては，表 1-2 を参照）。

研究プロジェクトとサンプルに関するデータは SRA とは別に DB 化されており，それぞれ BioProject と BioSample と呼ばれている。BioProject は一連の研究の内容を収録したデータである。また，BioSample は配列データの由来となった生物材料についての情報を収録したデータである。SRA に収録されている塩基配列データに関して，BioSample データを紐づけることで当該の DNA 配列の由来となるサンプルについての情報を，BioProject データを紐づけることで配列データがとられた目的（そのデータが使われた研究の内容など）を知ることができる。データを再利用するためには，BioProject と BioSample を参照することになり，その意味でこれらは非常に重要なDBであるといえる。しかしながら，データ量が非常に多い，データの登録がユーザーの自由記述になっていることなどから，その再利用には2020年代前半の現時点では非常に手間がかかっている。そこで，大規模言語モデル（large language model：LLM）の利用によるその再利用促進に期待が集まっている。

1.3 ヒトゲノム計画開始

前述のように1970年代後半にDNA塩基配列解読法が開発され，1980年代にはそれらの解読したDNA配列情報のデータベース化も始まった。そのような気運の中，ヒトゲノムのDNA配列を解読しようという国際プロジェクトが1990年に始まった。当初は1990年からの15年（つまり2005年まで）でヒトゲノムを解読することが目標とされ，技術開発が進められた。

最初は，放射性同位体（radio isotope：RI）を使ったスラブゲル電気泳動で塩基配列を解読していたのが，蛍光色素を使った標識技術が開発され，非RI化された。また，DNAを構成する塩基はアデニン（A），シトシン（C），グアニン（G），チミン（T）の4種類あるのでそれぞれ別々の計4レーンで泳動する必要があったのが，4色の蛍光を使うことで1レーンの泳動で済むようになった。さらに，蛍光のシグナルを自動で読み取るために，これまで用いられてきた泳動漕に替えて，毛細管（キャピラリー）の中にゲルを充填しその中でDNAを電気泳動するようになり，さらにそれが1本でなく複数本同時に，と塩基配列解読の技術革新が日進月歩で進められていった。

ヒトゲノム配列解読は国際的な協力関係のもと，それぞれの国が染色体ごとに分担して国際共同研究連合として進められた。しかし途中から，分子生物学者のCraig Venterが米国で起こしたCeleraという私企業が単独でヒトゲノム解読に乗り出し，国際共同研究連合とのヒトゲノム解読競争が激化した。最終的に，DNA二重らせん構造の発見（1953）から50年目の2003年に両者揃ってのヒトゲノム解読完了宣言がなされた。その十数年間にかかった費用は総額でおよそ

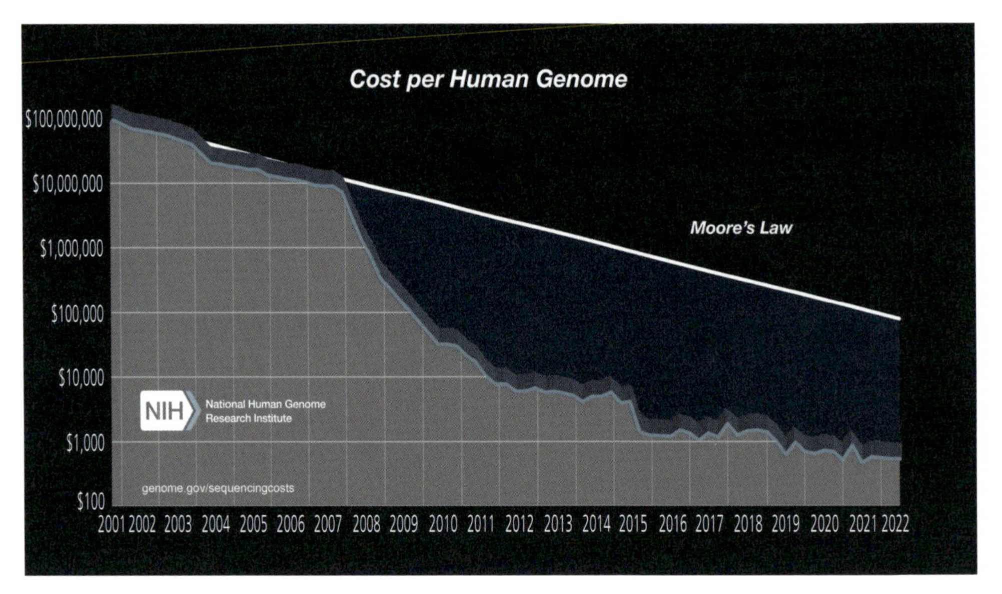

図 1-5　ヒトゲノム解読のコストの推移
2001 年から 2022 年までの，ヒトゲノム解読に要するコストの推移。2001 年当時 1 億ドルだったのが，2015 年頃には 1,000 ドルほどになっている。縦軸は対数目盛を使用していること，2008 年 1 月以降ムーアの法則から突然大きくはずれたことに注目。The Cost of Sequencing a Human Genome（https://genome.gov/sequencingcosts）より。

4,000 億円といわれている［注：2020 年代の今だと 10 万円以下で解読できる］。

ヒトゲノム計画の詳細に関しては，ここでは述べないが，詳細な記述が米国 National Human Genome Research Institute（NHGRI）の web サイトにあるのでそちらも参考にされたい（https://www.genome.gov/human-genome-project）。

ヒトゲノム解読宣言の後も DNA 配列決定技術はさらに開発が続けられた。1,000 ドルでヒト個人のゲノムを決定することを技術目標として，個人ゲノム解読へと向かっていった。**図 1-5** は 1 ヒトゲノム解読当たりのコストを示している。DNA 配列決定コストの削減の本質を説明するために，ムーアの法則（Moore's law）を反映した仮想データも示している。ムーアの法則とは，俗に 2 年ごとに「計算能力」が倍増するというコンピュータ・ハードウェア業界の長期的傾向を示

表 1-3　ヒトゲノム配列解読の歴史

年は論文の発表年を示した。

年	出来事
1990	ヒトゲノム計画開始
1999	初のヒト染色体ゲノム解読（22 番染色体）
2000	ヒトドラフト（概要版）ゲノム配列解読
2003	ヒトゲノム配列完全解読
2007	初の個人ゲノム配列解読と公開（ワトソン，ベンター）
2012	1,000 人ゲノム計画の公開
2014	1,000 ドルゲノム達成（Illumina 社）
2022	T2T ヒトゲノムの公開

すものである。ムーアの法則に「追いつく」ペースの技術改良は，非常にうまくいっていると広くみなされており，比較するのに便利である。2008 年 1 月以降，ムーアの法則から突然，大きくはずれており，大規模に配列決定を行っている DNA シークエンシングセンターがサンガー法から「次世代」DNA シークエンス技術に移行した時期を表している。

表 1-3 にヒトゲノム配列の解読の歴史をまとめた。表中の T2T とは telomere-to-telomere（テロメアからテロメア）の意味で，染色体の端から端まで塩基配列決定した，というレベルのゲノム配列であることを指している。ヒトゲノムですらこのレベルのゲノム解読は 2020 年代に入ってから成し遂げられたのが実情であり，すでに公共データベースから利用可能な多くのモデル生物のゲノムは，実はそのレベルのゲノム配列ではない。ここに至るまでの詳細に関しては，岩手医科大学の清水厚志教授による「ヒトゲノム計画とヒトゲノム完全解読」（https://doi.org/10.11234/jsbibr.2022.primer2）に詳しい。

その解読されたヒトゲノム中にコードされているヒト遺伝子の数は，遺伝子の定義によって変わってくる。1990 年代ごろまでは，ヒトの遺伝子数は約 10 万

表 1-4　ヒト遺伝子の数

2024年5月時点のEnsemblの遺伝子アノテーション（https://may2024.archive.ensembl.org/Homo_sapiens/Info/Annotation）によるヒト遺伝子の内訳。非コード遺伝子には，短い非コード遺伝子（small non-coding gene）が4,867，長い非コード遺伝子（long non-coding gene）が19,266含まれる。

種類	数
コード遺伝子	19,846
非コード遺伝子	26,350
偽遺伝子	15,219
遺伝子転写産物	254,129

を超えるといわれていた。ヒトゲノム解読完了が宣言された2003年4月14日の時点でのヒトの遺伝子数の推定値は3万2,615個と発表されたが，その後の解析によりこの推定値が誤りであることが判明し，新たな推定値は2万2,287個であると2004年10月21日に発表された（International Human Genome Sequencing Consortium. *Nature*. 2004；431：931–45. https://doi.org/10.1038/nature03001）。そして，2024年5月時点の遺伝子アノテーションを調べてみると，タンパク質コード遺伝子の数だと約2万，タンパク質をコードしない遺伝子を加えると約4.6万ということになる。また，それ以外に，かつては遺伝子をコードしていたと思われるが，現在はその機能を失っている偽遺伝子が約1.5万ほど知られており，遺伝子転写産物という転写されたRNA配列の数としては約25万ほどとなっている（**表 1-4**）。

1.4 モデル生物種のゲノム解読

ヒトゲノム計画と並行して，数多くの生物種のゲノム解読も行われた。1995年にインフルエンザ菌（*Haemophilus influenzae*）のゲノム配列解読がCraig Venter率いるTIGR（タイガー）（The Institute of Genome Research）から発表された。この菌のゲノムは，当時ヒトゲノム解読で用いられていたゲノム解読手法とは

コラム

1990 年代のゲノム配列解読の実際

1990 年代当時のゲノム解析においては，ゲノム解読のためにまずゲノムから各染色体をそれぞれ単離していた。それには蛍光励起セルソーティング法（FACS；fluorescence activated cell sorting）を用いる。蛍光強度は DNA に結合した蛍光色素の量に比例するので，蛍光強度を調べることにより染色体の大きさがわかり，これを用いて染色体を大きさに応じて分離することができる。

そして，制限酵素による DNA の断片化を行い，クローニングベクターに目的の DNA 断片を挿入し，DNA を解読するためのライブラリーを作成する。それは抽出した DNA 量では当時の DNA 配列解読には全然足りず，DNA を増幅する必要があったからである。とはいえ，非常に長いゲノム断片では PCR で増幅することも困難なので，大腸菌などの微生物に人工染色体として挿入して培養し，増幅することを行っていた。また同時に，それぞれの DNA 断片が染色体上でどこにあるかという地図を作成して，解読した DNA がどの位置の配列情報であるか（マッピングと呼ばれていた）ということがわかるようにしていた。

最終的に解読した染色体の断片 DNA 配列から遺伝子コード領域を同定するなどの配列解析を行う。その配列情報を使って疾患の原因領域の解析などに活用されていた。

参考：S. B. プリムローズ著，藤山秋佐夫監訳．ゲノム解析ベーシック（シュプリンガー・フェアラーク東京，1996）

2020 年代の技術では，ゲノムからいきなり DNA 解読用のライブラリーを作成して配列解読を行い，コンピュータ上でアセンブルしてゲノム配列をつなげる。そして，その得られたゲノム配列から遺伝子コード領域とそこにある遺伝子の機能をコンピュータを用いてアノテーションしていくようになっている（後の章で詳しく紹介）。

表 1-5　代表的なモデル生物のゲノム配列決定年表

決定年は論文出版年にもとづく。ヒトゲノム決定宣言の 2003 年までにゲノム解読が報告された生物種の代表的なものだけを記載している。サイズは NCBI Datasets の 2024 年現在の代表アセンブリのゲノムサイズである。

年	生物種	学名	サイズ（Mb）
1995	インフルエンザ菌	*Haemophilus influenzae*	1.8
1996	シアノバクテリア	*Synechocystis* sp. PCC 6803	3.9
1996	メタン菌	*Methanocaldococcus jannaschii*	1.7
1996	出芽酵母	*Saccharomyces cerevisiae*	12
1997	大腸菌	*Escherichia coli* K-12 MG1655	4.6
1998	線虫	*Caenorhabditis elegans*	100
2000	シロイヌナズナ	*Arabidopsis thaliana*	119
2000	ショウジョウバエ	*Drosophila melanogaster*	143.7
2002	マウス	*Mus musculus*	2,728
2003	ヒト	*Homo sapiens*	3,099

まったく異なる whole genome shotgun（WGS；全ゲノムショットガン法）と呼ばれる新しい手法でゲノムが決められたことから大変話題となった。WGS の原理は，ゲノム DNA 全体をランダムにフラグメント化し，それぞれのフラグメントの塩基配列を解読することで，結果的に全体の塩基配列を決定する。その後，この WGS を用いたモデル生物ゲノムの解読ラッシュが 1990 年代後半に起こった（**表 1-5**）。

ウイルスなどの寄生性ではない，初の独立して生きていくことのできる（free living な）細菌ゲノムとしてインフルエンザ菌や初の古細菌ゲノムとしてメタン菌など，初期には TIGR が中心となってゲノム解読が発表された（表 1-5）。さらに 2000 年には，その Craig Venter が起こした Celera という会社が，昆虫ゲノムでは初となるショウジョウバエゲノムの解読を手がけた。これはまさにヒトゲノム解読に向けた技術開発の「肩慣らし」とでもいうようなプロジェクトであった。また，日本の千葉県にあるかずさDNA研究所が初の独立栄養・光合成細菌としてシアノバクテリアのゲノムを世界に先んじて解読したことは特筆に値する。

1.5 トランスクリプトーム解析

1990年代にはゲノム配列解読に並行して，ゲノム中にコードされた遺伝子を見つける手法の開発も進められた。その手法は，遺伝子領域予測（gene finding）と呼ばれ，配列相同性にもとづかない新規の遺伝子予測がニューラルネットワークなど当時のAI技術を活用して試みられ，さまざまな手法が作成された。しかしながらその予測精度は頭打ちで，隠れマルコフモデルによる遺伝子コード領域をモデル化する手法が一番よく用いられた。その後も新規にゲノムが解読された際には，遺伝子領域を予測する手段として，後に記すRNA sequencingと配列相同性検索にもとづく手法がよく用いられてきている。というのは，コンピュータのみによる遺伝子予測の精度は，2020年代になってもそれほどよくなってないからである。つまり，ゲノムを解読しても，そのゲノム配列とコンピュータプログラムだけでゲノム配列中にコードされたすべての遺伝子がきっちり予測できるようにはなっていないのである。

全RNA（total RNA）からmRNAとして発現している配列を逆転写酵素を使ってDNA配列として合成し，その配列をDNAシークエンサーで解読するトランスクリプトーム解析が行われてきてきた（**表1-6**）。ゲノム全体の1%ほどが遺伝子コード領域であり，さらにその一部分だけがRNAとして発現していることから，実際に発現したRNAだけを配列解読するほうが直接的な手法だからである。

表1-6　トランスクリプトーム解析の歴史

年代	手法	原理
1990年代	expressed sequence tag（EST）	DNA配列解読
2000年頃	発現マイクロアレイ	ハイブリッド形成
2010年頃	RNA sequencing（RNA-Seq）	DNA配列解読

expressed sequence tag（EST）

expressed sequence tag（E S T）とは，mRNA を逆転写して得た cDNA 配列を断片的に配列解読する方法である。1990 年代に大規模な mRNA 配列解読手法，すなわちトランスクリプトーム解析手法として使われた。cDNA を作成する際には mRNA の 3′ 側にあるポリ(A)配列に相補的なオリゴ dT（T が連続した DNA 配列）をプライマーとして DNA を合成するため，mRNA 配列の 3′ 側が EST 配列として読まれることが多く，3′ EST と呼ばれた。また mRNA の 5′ 側は，転写開始点の情報として有用なため，3′ EST と同様に配列解読が試みられ，5′ EST と呼ばれた。これらは 1 回限り（one pass）の配列解読で精度も悪かった［注：当時配列を解読する際には，一度きりの配列解読では精度が悪いため，逆鎖の配列解読や複数回配列解読するなどして精度を上げるのが普通であった］ものの，ヒトやマウスのゲノムがいまだ解読されていなかった当時，特定の組織で発現している mRNA の情報として大変有用で，数多くの遺伝子が EST 法によって発見されていった。

しかしながら，EST の利用はそれだけではなかった。得られた EST はその出現回数を数えることによって，その配列に相当する遺伝子がどの程度発現しているかの情報を得ることができた。つまり，同じ遺伝子由来のものはまとめるというクラスター解析（クラスタリング）を行い，その同じ遺伝子由来の EST の解読回数をカウントすることによって発現強度のデータとして利用できたのである（**図 1-6**）。

それをデータベース（DB）化していたのが，Bodymap である（**図 1-7**）。おもにヒトのさまざまな組織での遺伝子発現を，EST をクラスタリングすることによってその本数を発現値として定量した DB であった。同様のプロジェクトとして NCBI で作成されていた UniGene があった。

3′ EST や 5′ EST のように mRNA 配列の端だけを読むのではなく，端から端までの完全長 cDNA の解読も試みられてきた。日本の理化学研究所にて行われた理研マウスエンサイクロペディアプロジェクトによる完全長 cDNA 解読が著名で，そこで得られたマウスの遺伝子配列はヒト遺伝子の予測に一役買った。また，完

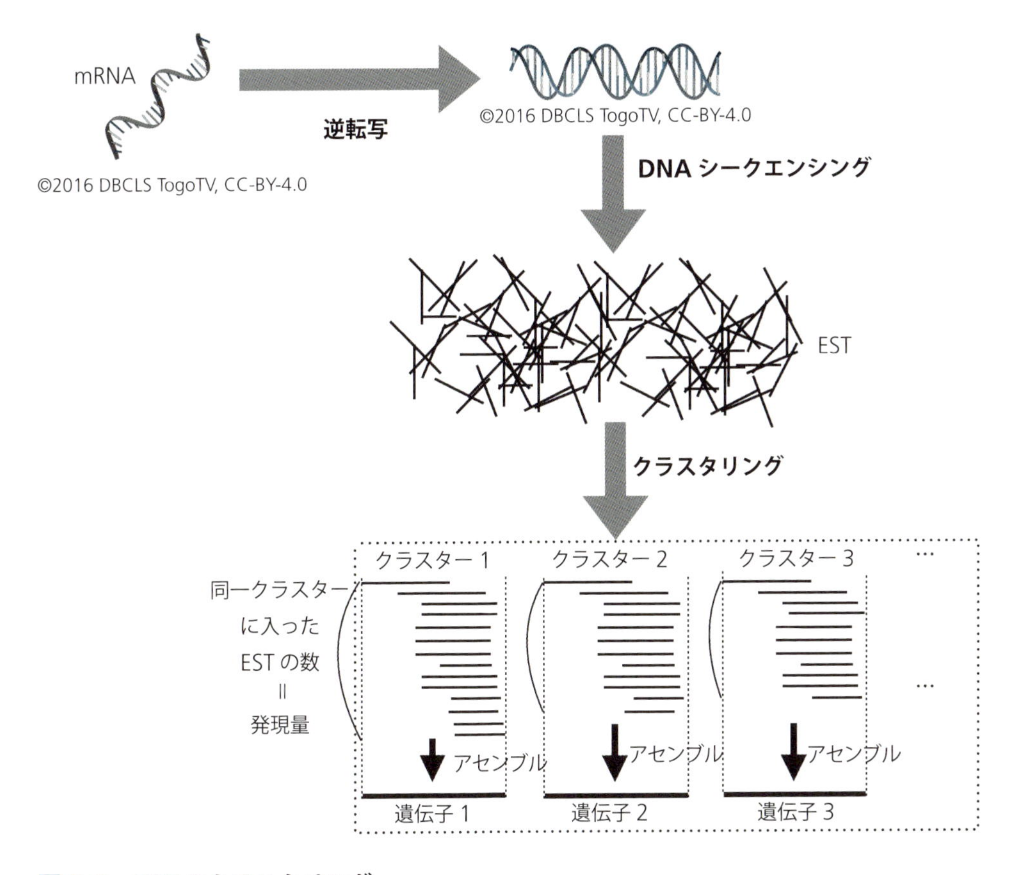

図 1-6　EST のクラスタリング
EST のクラスタリングの概念図。EST 配列で同一あるいは部分的に含まれるものは同じ「クラスター」に入れていくことで「遺伝子」ごとにまとめ上げていく手法である。同一クラスターに入った EST の数をカウントすることによって，その遺伝子の発現量のデータとして利用できる。

全長 cDNA 配列情報は FANTOM 国際コンソーシアムによって機能アノテーションされ，研究のための貴重なリソースとしてさまざまな発見につながっていった。なお，FANTOM は当初 Functional Annotation of Mouse の意味だったが，のちにその対象が広げられ，Functional Annotation of the Mammalian genome となっている。FANTOM プロジェクトによる顕著な成果としては，

- 山中 4 因子の発見：「京都大学の山中伸弥教授らは，人工多能性幹細胞（iPS 細胞）の樹立研究において，FANTOM データベースから，細胞の初期化因子候補として 24 種の転写因子を選定しました。」（`https://fantom.gsc.`

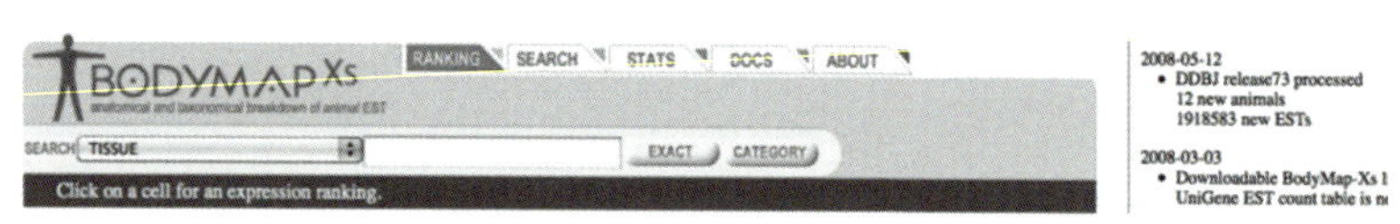

BodyMap-Xs(cross species) is taxonomical and anatomical breakdown of latest animal EST data, clustered by UniGene and inter connected by Inparanoid.
Data for " any / normal / neoplastic / other " tissues. (#EST/#library)

expand	Homo sapiens (6680287/12607)	Papio anubis (73328/2)	Macaca fascicularis (86337/18)	Macaca mulatta (39958/30)	Mus musculus (3988534/1799)	Rattus norvegicus (699890/1461)	Monodelphis domestica (187/3)	Trichosurus vulpecula (71895/8)	Oryctolagus cuniculus (22319/29)	Canis lupus (294578/180)	Equus caballus (30236/26)
brain	1656168/1511	0/0	24007/7	7643/4	901667/472	139695/270	0/0	0/0	18565/6	53774/66	4/1
blood	589078/776	0/0	11754/3	8716/6	429149/173	23913/41	0/0	0/0	1/1	29148/16	15281/18
connective	593357/1287	0/0	0/0	0/0	210845/74	36650/60	0/0	0/0	227/4	3530/4	10884/3
reproductive	1194455/1799	73328/2	6716/1	18282/12	350078/154	73241/67	0/0	12308/2	159/2	55479/10	3555/2
muscular	154312/120	0/0	0/0	8/1	81922/44	55341/179	0/0	0/0	1925/2	61095/31	0/0
alimentary	399235/1444	0/0	0/0	3499/3	114348/37	14008/48	126/1	0/0	0/0	5744/7	0/0
liver	208799/150	0/0	29461/4	1416/1	110495/34	75205/88	61/2	10363/1	7/1	21594/9	507/1
lung	422174/479	0/0	0/0	285/1	99582/23	19740/31	0/0	0/0	0/0	453/3	0/0
urinary	229382/264	0/0	7110/2	0/0	139189/34	16557/62	0/0	0/0	0/0	24512/10	0/0
endo/exo-crine	460819/1983	0/0	0/0	0/0	520063/92	35083/208	0/0	0/0	0/0	24979/16	0/0
pooled	356627/174	0/0	7289/1	88/1	350129/347	126055/303	0/0	46286/4	635/2	11303/2	0/0
embryo	215279/60	0/0	0/0	0/0	392882/147	33714/32	0/0	2938/1	717/9	0/0	0/0
unclassified	200602/2560	0/0	0/0	21/1	288185/168	50688/72	0/0	0/0	83/2	2967/6	5/1
	Homo sapiens	Papio anubis	Macaca fascicularis	Macaca mulatta	Mus musculus	Rattus norvegicus	Monodelphis domestica	Trichosurus vulpecula	Oryctolagus cuniculus	Canis lupus	Equus caballus

図 1-7　Bodymap–XS

XS は cross species の意味で，縦軸にさまざまな臓器を，横軸にさまざまなヒト近縁種を置いて分類し，EST クラスター数ごとにそのカウント数が整理された有用なリソースであった（https://doi.org/10.1093/nar/gkj137）。

riken.jp/jp/）

- 非コード RNA（non–coding RNA：ncRNA）の発見（https://www.riken.jp/medialibrary/riken/pr/press/2005/20050902_1/20050902_1.pdf）

があげられる。しかしながら，配列解読による手法は当時非常にコストが高かったため，遺伝子発現定量は次節で取りあげるマイクロアレイによる手法に置き換わっていった。

発現マイクロアレイ

サザンブロット法やノーザンブロット法で用いられる，塩基配列のハイブリッド形成による検出方法をミニチュア化することでその集密度を高めた実験装置がマイクロアレイである。スライドガラスなどの基板上に DNA が高密度にスポット状に固定されており，その数は数万〜数十万にも及ぶ。この基板上に蛍光標識されたサンプル DNA や RNA をハイブリッド形成させ，蛍光スキャナーによって各スポットをイメージデータとして取得し，データ解析して発現強度を定量する

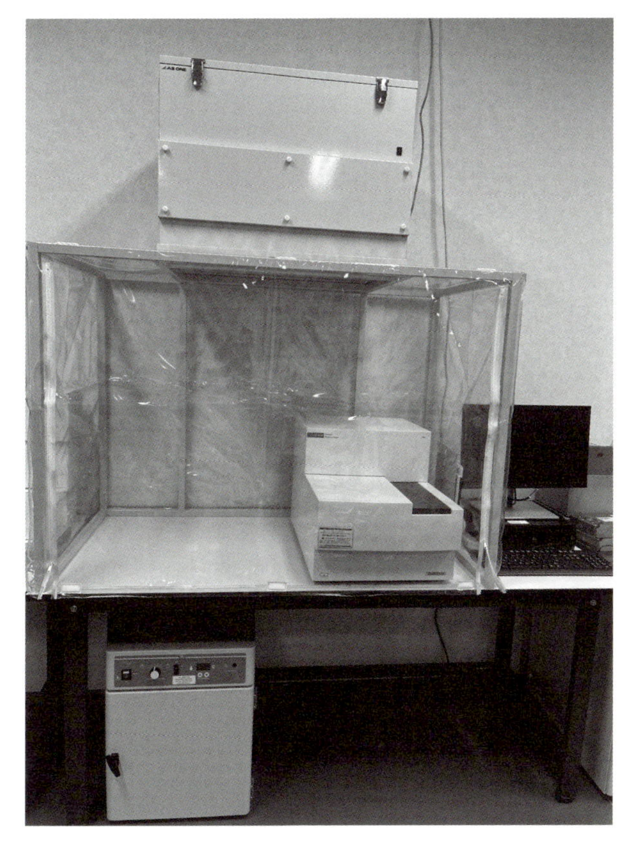

図 1-8　マイクロアレイの実験装置

Agilent 社製 Oligo Array システム一式。左下はハイブリダイゼーションオーブンで，ここで 17 時間にわたってハイブリッド形成を行う。中央のスキャナーでスライドの蛍光強度を読みとるが，この際にオゾンによって蛍光色素が退色するため，オゾンを除去する装置が上部につけられている。

（**図 1-8～10**）。この一連の実験が発現マイクロアレイであり，一度にすべての転写産物（transcript）の発現量を測定できることから 2000 年代に広く使われた。

当初は mRNA の発現解析に用いられてきたが（発現マイクロアレイ；**図 1-11**），一度に数万～数十万のハイブリッド形成が測定できることから，発現解析以外にも応用された。その例が，転写因子やヒストンなどの DNA 結合タンパク質が結合する DNA 配列の同定である。その目的に，解読されたゲノム配列情

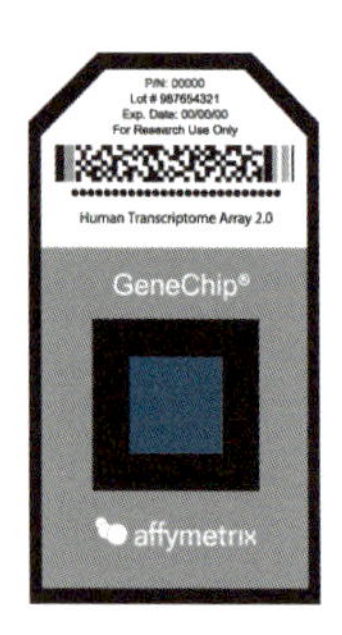

図 1-9　Affimetrix GeneChip

遺伝子発現の定量目的には，Affymetrix（アフィメトリックス）社が発売していたGeneChipというマイクロアレイが広く利用された。©2016 DBCLS TogoTV, CC-BY-4.0

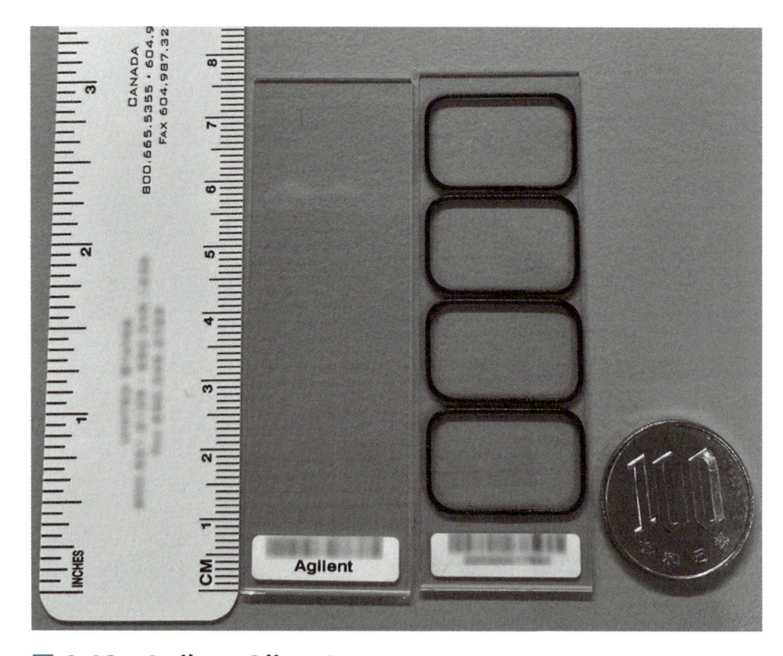

図 1-10　Agilent Oligo Array

2 枚のスライドガラスの間に試薬を封じ込めてハイブリッド形成する。左がプローブがスポットされたスライドガラスで，右がそれぞれの区画で別のサンプルで実験できるように区切る「ふた」の役割をするスライドガラス。この例では 4 つの区画にそれぞれ 18,000（18 k）ものスポットがある。

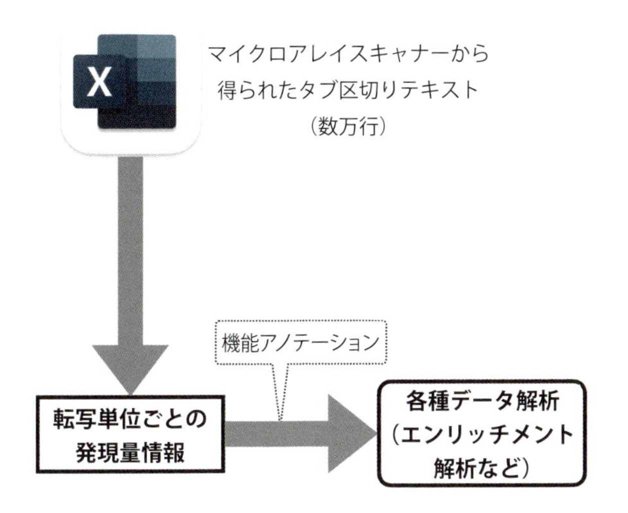

図 1-11　マイクロアレイによる発現解析におけるデータの流れ

マイクロアレイのデータ解析では，すでに転写単位ごとの発現量となったデータが1サンプル当たり数万行のタブ区切りテキストとして得られているため，必要なデータだけを抽出し，機能アノテーションを付与することでエンリッチメント解析などの各種データ解析が可能である。

報を使って，遺伝子のプロモーター領域やゲノム中のすべての領域を数十塩基のオリゴヌクレオチドでカバーしたタイリングアレイ（tiling array）と呼ばれるマイクロアレイが開発された。クロマチン免疫沈降で得られたDNAとのハイブリッド形成によってその配列が何かを検出するChIP–chip（chromatin immunoprecipitation on chip）と呼ばれる実験が行われた［注：ChIP–on–chipとも呼ばれる］。

マイクロアレイが広く使われた結果，スポットに固定するオリゴマーの合成技術や設計技術が発達し，現在ではカスタムプローブによるマイクロアレイの作成は安価にオーダーすることができる。これは，ゲノム解読によってゲノム配列が，あるいはEST解析によってトランスクリプトーム配列が明らかになったからこそである。

しかし，前節でも紹介したように次世代シークエンサーの開発による配列解読の大幅なコストダウン（2008年ごろから特に顕著）により，cDNA配列を配列解読する方法がまた復活してくることとなった。

RNA sequencing（RNA-Seq）

RNA sequencing（しばしばRNA-Seqと略す）は，サンプル中にあるRNAに関する情報を得るために，この次の節で紹介する次世代シークエンサーを使ってDNA配列解読する方法である。解読するのはDNAなので，実際にはRNAを逆転写して得られるcDNAを解読することになる。

RNA-Seqは，2020年代において遺伝子発現量を測定する方法として広く用いられている。それは，マイクロアレイの場合にはそのターゲットの生物種のオリゴプローブを設計するために事前に配列情報が必要なのに対して，RNA-Seqはその生物種のゲノムやトランスクリプトーム配列が未知であっても利用可能だからである。RNA-Seqでのデータ解析は，リファレンスありの場合となしの場合で大きくわかれる。

リファレンスありの場合のデータ解析

リファレンスとなるゲノム配列がある場合には，それに対してマッピングすることで各遺伝子の出現回数をカウントする。それを正規化して，遺伝子発現量とする。すでにリファレンス遺伝子セット（リファレンストランスクリプトームセット）が利用可能な場合には，それぞれの既知遺伝子に対応づけることも行うが，ゲノムマッピングによって新規に見いだされた遺伝子に関しても発現定量ができることがこの手法の大きな利点である（**図1-12**）。

また，すでに発現定量すべきリファレンス遺伝子セットがある場合にはそのセットに対してだけ発現定量する手法も開発されており，2020年代にはこちらが主流となってきている。この手法のメリットはゲノムマッピングする手間がない分，解析にかけるコンピュータコストが少なく，結果としてデータ解析時間が短くて済むことである。デメリットとしては，リファレンス遺伝子セットにない

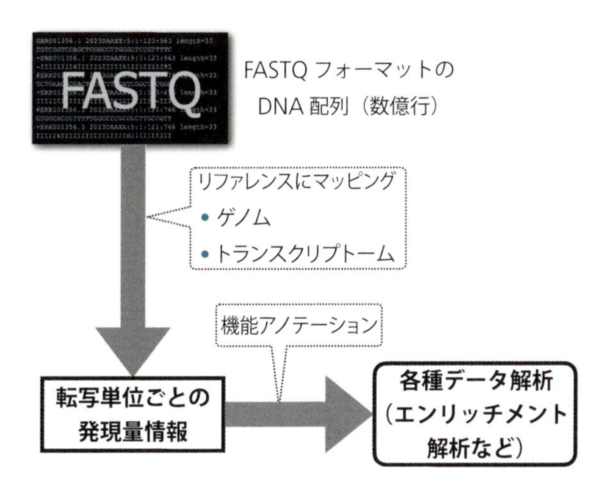

図 1-12　RNA-Seq による発現解析におけるデータの流れ

RNA-Seq のデータ解析では，DNA シークエンサーから得られる塩基配列データ（1 サンプル当たり約数億行となる FASTQ フォーマットのデータ）からの解析となる。転写単位ごとの発現量を得るためにまずリファレンスとするゲノムやトランスクリプトームにマッピングすることから解析を始める必要がある。発現量を得たのちに機能アノテーションを付与することでエンリッチメント解析などの各種データ解析が可能となる。図 1-11 のマイクロアレイによる発現解析におけるデータの流れの図と対比せよ。

遺伝子は発現定量できないことであり，つまりはマイクロアレイと同じということになる。

リファレンスなしのデータ解析

リファレンスとなるゲノム配列やトランスクリプトーム配列がまったくない場合には，データ解析手法としては EST のときと実は同じである（**図 1-13**）。EST の場合は 3′ や 5′ 側の断片配列だったため，クラスタリングという呼び方をしていたが，RNA-Seq の場合は RNA のすべての箇所の配列データを用いることもあり，第 2 章で詳しく説明するゲノムアセンブルと同じく，アセンブルと呼んでいる。事前情報なしに，という意味合いを込めて，特に *de novo*（デノボ）トランスクリプトームアセンブルと呼ばれている。

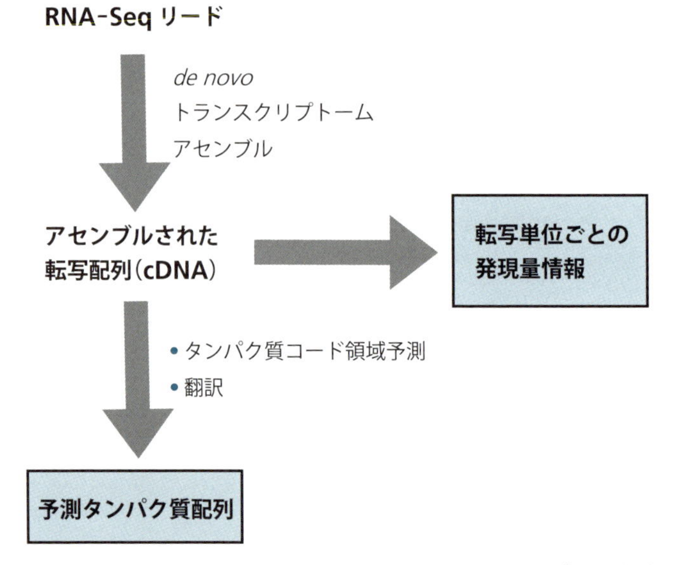

図 1-13　リファレンスなしの場合の RNA-Seq データ解析の流れ

リファレンスなしの場合は，RNA-Seq による転写配列からその生物種の遺伝子配列全体（トランスクリプトーム）を推定し，そこにコードされたタンパク質配列を得る解析（縦の流れ）と，推定したトランスクリプトーム情報を使ってその転写単位ごとの発現量を得る解析（横の流れ）の 2 種類がある。

アセンブルでは，解読した塩基配列で同じ遺伝子由来と考えられるものを 1 つにまとめていく。スプライシングのパターンが異なるアイソフォームも数多くあるため，遺伝子としてまとめられるクラスター数は実際の遺伝子数よりも多めに検出されることがよくある。

アセンブルの結果得られたリファレンス遺伝子セットに対しては 2 種類のデータ解析がよく行われる。1 つ目は，得られた DNA 配列セットの中にコードされたタンパク質配列を予測することである。もう 1 つは，リファレンス遺伝子セットありの解析と同じく，それらの遺伝子に対して発現定量を行うことである。

RNA-Seq vs. マイクロアレイ

RNA-Seq はリード数を稼がないとマイクロアレイに劣る，ということが案外知られていない。2.6億ペアエンドリードでようやくマイクロアレイと比較できるレベルの検出力になるという論文も出ている（坊農秀雅編.『改訂版 RNA-Seq データ解析』〔羊土社，2023〕のp.36〜38のコラムを参照。元となっている論文はMunro SA et al. *Nat Commun*. 2014；5：5125.`https://doi.org/10.1038/ncomms6125`）。

しかしながら，遺伝子全配列がわかっていないとマイクロアレイは作れないわけで，まだゲノムデータやトランスクリプトームデータのない新規な生物ではRNA-Seqが必要不可欠であるが，その際にも深めのリードが必須である。

それゆえ，サンプル数が多く，かつカタログアレイがない新規生物においては，RNA-Seqで深めのリードを得てからカスタムマイクロアレイを作成して発現定量をするのがベストであろう。RNA-Seq解析が一般的になった2020年代においては，データ解析難度はほぼ同等といえるが，それは機能アノテーションがよく整備されているモデル生物での話である。1サンプル当たりの値段に関してもRNA-Seqが安くなったとはいえ，マイクロアレイと同等のスペックを得るため

表1-7　RNA-Seq vs. マイクロアレイ：データ解析に必要なもの

	マイクロアレイ	RNA-Seq
解析ソフトウェア	++	++
機能アノテーション	++	++
ゲノムアノテーション	−	+
ゲノム配列	−	+
コマンドライン操作	+	+++
コンピュータのCPUパワー	+	++
コンピュータのメモリ	+	++
データストレージ	+	+++

+の数はその必要性の度合いを示す。

に深読みをするのであれば，マイクロアレイのほうが安くなるであろう。

　また，1 サンプル当たりのデータ量がマイクロアレイは数 M～数十 M byte あまりであるのに対して，RNA-seq は数 G～数十 G byte であり，多数のサンプルを処理する際にそのマネージメントに非常に大きなコストがかかる（**表 1-7**）。

参考：統合データベース講習会 AJACS オンライン 8 NBDC 太田紀夫さんの資料 p.69（https://github.com/AJACS-training/AJACS89/blob/main/01_ohta/AJACS89_01_ohta.pdf）

1.6 DNA 配列解読技術の進展

　ヒトゲノム配列解読が進むにつれて，よりコストの安く効率のよい，サンガー法の「次の世代」の DNA シークエンス手法がさまざまに開発された。その中で商業化された手法に関して**表 1-8**，**図 1-14** に示す。これらの手法そのものとその手法を実装したシークエンサーは，その用語ができてからすでに 20 年ほど

表 1-8　これまで開発されてきた次世代シークエンス法

本節で紹介する方法以外に，次章で紹介する手法（*印）も含まれている。

手法名	会社	シークエンサー商品名
パイロシークエンス法	454 Life Sciences（Roche）	GS FLX，GS Junior
sequence by synthesis（SBS）法*	Solexa（Illumina）	HiSeq，NextSeq，NovaSeq など
sequence by hybridization（SBH）法	Life Technologies（Thermo Fisher Scientific）	SOLiD
半導体チップによるプロトン測定法	Ion Torrent（Thermo Fisher Scientific）	Ion Torrent
単一分子リアルタイム（SMRT）法*	PacBio	Sequel II，Revio など
ナノポア法*	Oxford Nanopore Technologies（ONT）	MinION，PromethION など

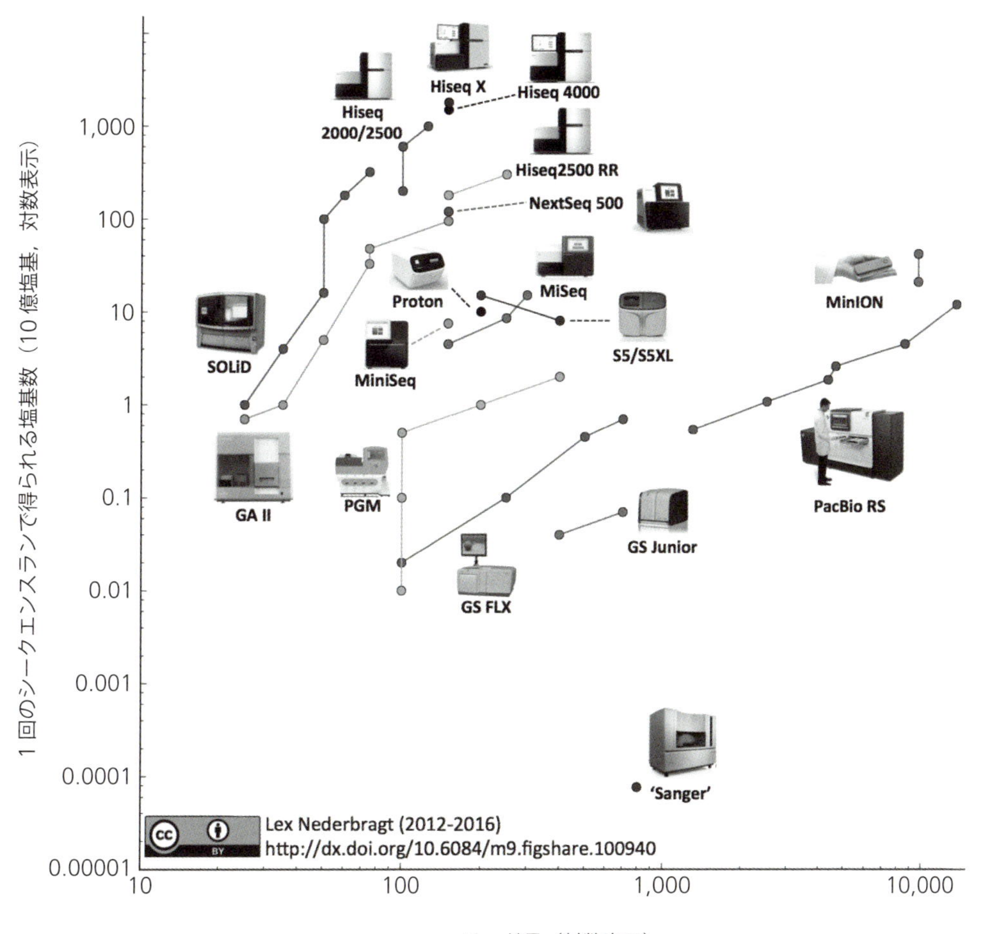

図 1-14　NGS のスペック（2016 年）

2016 年ごろによく使われていた NGS のスペックを，1 回のシークエンスランでどれくらいの塩基のデータが得られるかを縦軸，得られる連続した塩基配列の平均の長さを横軸にとって可視化した図。Nederbragt, Lex (2016). developments in NGS. figshare. Dataset. `https://doi.org/10.6084/m9.figshare.100940.v9` より。

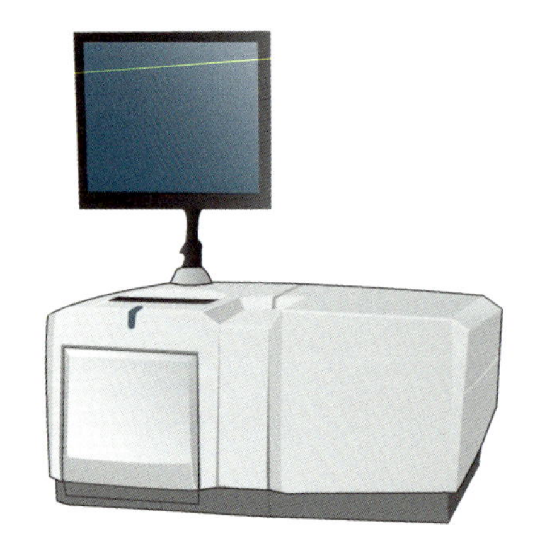

図 1-15　pyrosequencer

たっているがいまだその名前は変わることなく，それぞれ **Next** Generation Sequencing や **Next** Generation Sequencer と呼ばれ，略称はともに NGS（エヌジーエス）とされている。本節では，NGS として開発されてきた手法を紹介する（表 1-8）。現在も現役の NGS として広く使われている sequence by synthesis（SBS）法，単一分子リアルタイム（SMRT）法，ナノポア法に関しては，次の第 2 章「2020 年代のゲノム解析」の 2.3 節「ゲノム配列解読の実際」で詳しく紹介する。

パイロシークエンス法

パイロシークエンス（pyrosequence）法は，DNA 合成に使われるポリメラーゼ（DNA ポリメラーゼ）が 4 種類の塩基（dNTP）を取り込むときに放出するピロリン酸をルシフェラーゼ（luciferase）の発光反応によって CCD カメラで検出することで，配列決定をする手法である（**図 1-15**）。

配列解読の原理を示した動画が YouTube で閲覧可能
https://youtu.be/nFfgWGFe0aA

ここでは簡略にその基本的なステップを示す。

1. 一本鎖 DNA にプライマーをハイブリッド形成：まず，PCR で増幅した一本鎖 DNA にシークエンシングプライマーをハイブリッド形成（結合）させる。

2. dNTP の添加：次に，標的配列に対し決められた順序で 1 種類ずつ dNTP（デオキシリボヌクレオチド三リン酸）を添加する。このとき，DNA ポリメラーゼによる塩基伸長反応に伴って取り込まれたヌクレオチド量に比例したピロリン酸（PP_i）が遊離する。
3. PP_iの検出と発光反応：遊離した PP_iから酵素スルフリラーゼ（sulfurylase）によって ATP が産生される。この ATP がルシフェラーゼ発光を引き起こす。光は CCD カメラに検出され，ピーク波形（パイログラム）として観察される。各ピーク（光シグナル）の高さは，取り込まれたヌクレオチド数（遊離した PP_i量）に比例する。
4. dNTP と ATP の分解：dNTP 分解酵素の 1 つである apyrase が，反応に寄与しなかった dNTP および ATP を分解する。
5. 塩基配列の決定：この過程の繰り返しにより相補的な DNA 鎖が形成され，得られるパイログラムの発光ピークから塩基配列が決定できる。

パイロシークエンスを開発した 454 Life Sciences 社は，その後 Roche 社に買収された。GS FLX や GS Junior などの商品名でシークエンサーが発売され，比較的長めに DNA 配列解読ができることから広く使われたが，2016 年に市場からの撤退が表明された。NGS 業界ではたびたびこのようなことが起こり，技術進歩の速さと市場競争の熾烈さを表している。

sequence by hybridization（SBH）法

sequence by hybridization（SBH）法とは，DNA ポリメラーゼではなく，リガーゼ（ligase）を用いたオリゴ DNA のライゲーションにもとづく方法であり，Life Technologies 社が発売していた SOLiD シークエンサーで利用していた方法である（**図 1-16**）。

配列解読の原理を示した動画がYouTube で閲覧可能

https://youtu.be/nlvyF8bFDwM

8 塩基長のオリゴ DNA プローブを用いてハイブリッド形成を行うが，プロー

図 1-16　SOLiD

ブの 3′ 末端の 2 塩基に蛍光色素標識がされている。リガーゼによる結合後，蛍光を撮影し，その後蛍光色素を含む 3 塩基を切断し，それを繰り返すということをする。結合したプローブをすべて剥がして，さらに 1 塩基ずらしたプライマーを使って，再度上記のプロセスを，5 回繰り返して行う。塩基は 4 種類あるので，蛍光標識する 2 塩基で 4×4＝16 通りあるが，色素の種類は 4 種類で，エンコード表という技術を使って情報処理によって矛盾のない塩基配列を得る。

各塩基は 2 回塩基配列情報が取得されるので，精度の高い配列決定が可能である。

半導体チップによるプロトン測定法

半導体技術を利用してプロトン（水素イオン）を測定することによる塩基配列決定法は，Ion Torrent 法とも呼ばれる。

配列解読の原理を示した動画が YouTube で閲覧可能
https://youtu.be/zBPKj0mMcDg

以下にその基本的な原理を説明する。

1. DNA テンプレートとヌクレオチドの反応：あるヌクレオチド（例えば C）をDNA テンプレートに加えると，DNA 鎖に取り込まれ，その過程で水素イオンが放出される。
2. 水素イオンの検出：この放出された水素イオンは，試薬の pH を変化させ，この変化は独自のイオンセンサーによって電荷の変化として検出される。
3. 塩基配列の決定：この検出された電荷の変化から，どのヌクレオチドが DNA 鎖に取り込まれたかを判断し，それによって DNA の塩基配列を読みとる。

このIon Torrent 法のシークエンス原理は，化学的にコードされた情報（A，C，G，T）を半導体チップ上でデジタル情報（0，1）に直接変換することにより，高速かつ簡略で，拡張性のある配列決定を可能にしている（https://www.thermofisher.com/jp/ja/home/brands/ion-torrent.html）。

総括

ここで説明したDNA 配列解読手法が選ばれなくなった理由としては，以下が考えられる。

1. 技術の進歩：他の NGS 技術の登場により，より高速で大量のデータを取得できるようになり，より効率的なシークエンシングが可能となった。
2. 精度と信頼性：SBS 法は高精度で，エラーレートが低いという特徴をもつのに対して，パイロシークエンス法は特定の配列において解析精度が低下する可能性が，SBH 法は特定の配列に対するハイブリッド形成の結果に依存しているため，一部の配列に対する解析精度が低下する可能性があった。また，半導体チップによるプロトン測定法は，ホモポリマーと呼ばれる同じ塩基が連続する領域（例えば，AAAAA などの A の連続領域）の DNA 配列解読に弱く，間違った長さで結果を出力することが多く見られた。
3. コストパフォーマンス：他の NGS 技術では大量のデータをより高速に取得できるのに対して，前述の方法は解析に時間がかかり，コストも高くなる傾向があった。

これらの理由から，現在では次章で詳しく紹介する sequence by synthesis（SBS）法が主流となっている。

参考：林崎良英監修．次世代シーケンサー活用術（化学同人，2015）

2 2020年代のゲノム解析

ゲノム解析とは，ゲノム配列を染色体ごとに解読し，その中にコードされた遺伝子を解き明かすことである（**図2-1**）。前章で解説した歴史のなかで多くの手法が開発され，改良が重ねられてきたが，現在では使われていない手法も数多くある。しかしながら，この分野の多くの教科書ではその古い手法が紹介されているだけで，2020年代の現在はどうなっているかは記述されておらず，情報が更新されていないものも散見される。そこで，本章では「2020年代のゲノム解析」と題して，2020年代の現在にゲノム解析が最先端の現場においてどのように行われているのかを解説する。

2.1 ゲノム配列の公共データベース

まずは，ターゲットの生物のゲノムがすでに解読され公共データベースに登録されているかどうかを調べておこう。解読されていなかった場合でも，近縁種のゲノムが解読されているかどうかを調べよう。

学名で検索しよう

ゲノムデータの有無を調べるには，まず検索するためのキーワードを知る必要がある。そのためのデータベースは日本語に対応していないので，キーワードは英語である必要がある。また，1つの生物種がさまざまな名称で呼ばれることも多く，一般的な名称だけでは思っている生物を指し示すとは限らない。その際に有効なのが，生物種の学名（scientific name）で検索することである。

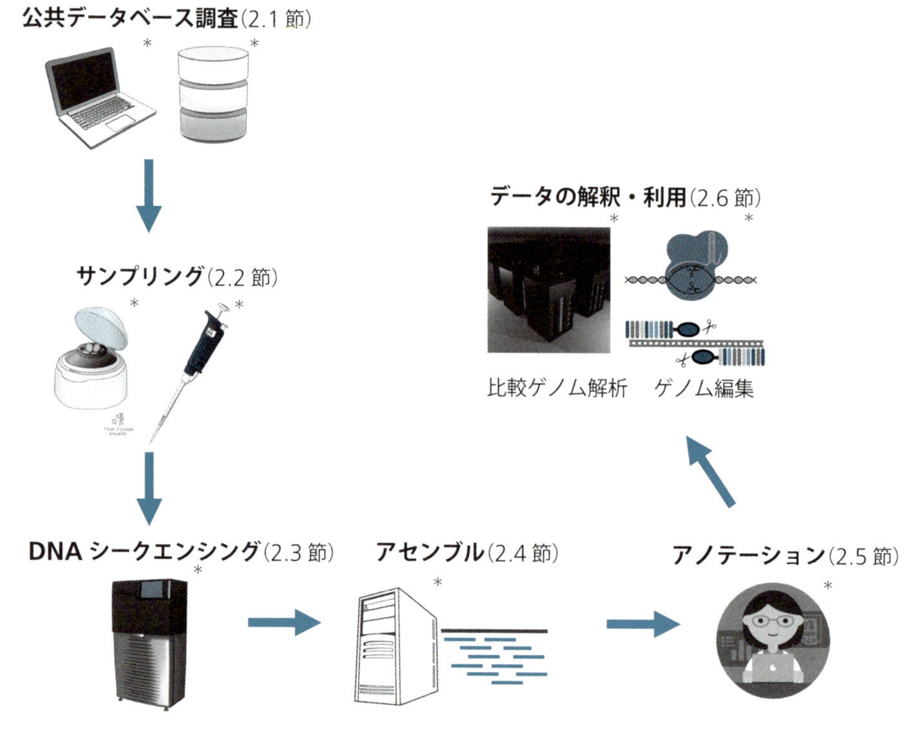

図 2-1　ゲノム解析全体の流れ図
ゲノム解析全体の流れと，本章で解説している節の番号を示した。＊印の絵は©2016 DBCLS TogoTV, CC-BY-4.0

学名とは，世界共通で生物の分類群につけられる名称で，属名＋種小名の構成で表される。例えば，ヒトの場合，その学名は *Homo sapiens* である。この表現方法は二名法と呼ばれる。

学名は 1 度決められたら未来永劫それが使われるとは限らず，そのときの情報にもとづき改訂されることがある。例えば，第 1 章で紹介したメタン菌は，古細菌として初めてのゲノム解読として発表された 1996 年当時，学名は *Methanococcus jannaschii* であったが，その後変更されて *Methanocaldococcus jannaschii* となっている（元の名前はシノニムとして扱われている）。また，ウシやブタなど家畜のプロバイオティクスに利用されている *Bacillus coagulans* は，いく度かの変更を経て 2024 年 4 月現在，*Heyndrickxia coagulans* となっている

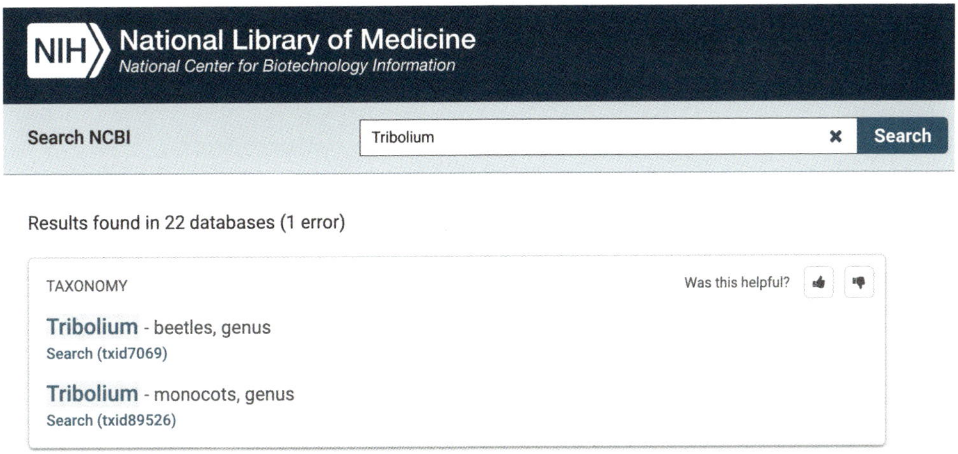

図 2-2　NCBI での検索例：*Tribolium*
例 1：*Tribolium* という属名は，甲虫とイネ科植物にある。

(https://jcm.brc.riken.jp/ja/mailnews/mailnews2023/mn20240314)。

また，学名の一部である最初の属名部分だけの検索では唯一とならないこと，つまり系統的に離れた生物群が同じ属名をもつことがあるので注意が必要である（具体例を**図 2-2**，**2-3** に示した）。こういった取り違えを防ぐために，学名をフルネームで検索することをおすすめする。以下の手順で必要なゲノムデータにたどりつくことができる。

1. インターネットで日本語の種名を用いて検索して，学名を調べる。
2. その学名をキーワードとして，以下で紹介するゲノム配列の公共データベースで検索する。

例えば，「ニホンミツバチ」で Google 検索すると英語の Wikipedia が翻訳された結果，**図 2-4** のように表示されて，学名が *Apis cerana japonica* であることがわかる。*japonica* とついているのは亜種まで記載されている学名だからで，三名法と呼ばれる表記である。なお，*Apis cerana* は「トウヨウミツバチ」である。

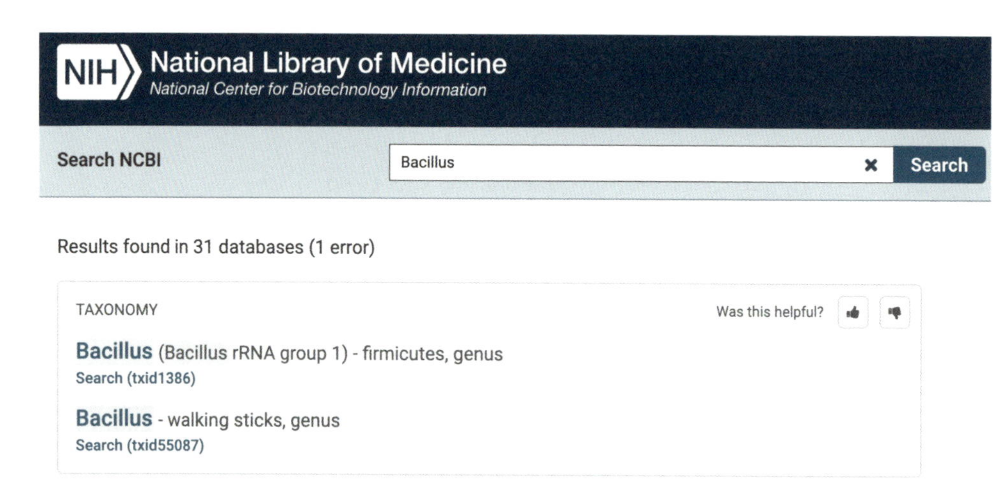

図 2-3　NCBI での検索例：*Bacillus*

例 2：*Bacillus* という属名は，枯草菌とナナフシ（昆虫）にある。

図 2-4　ニホンミツバチの Google 検索の結果

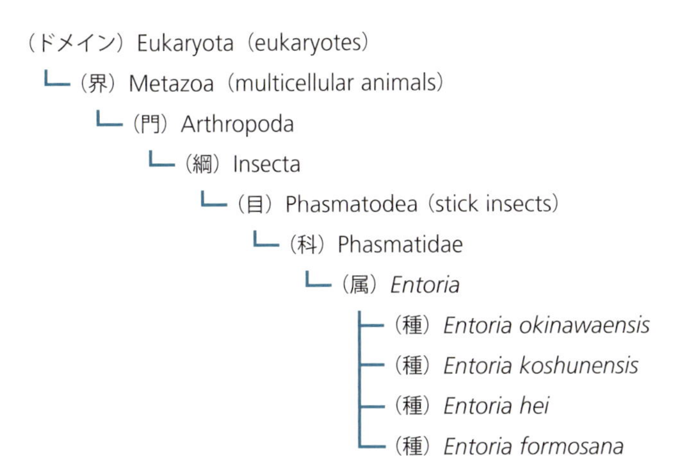

図 2-5　近縁種の調べ方の実例

Entoria okinawaensis のゲノム情報を調べたいときには，同じ *Entoria* 属の他の種がどうかをまず調べる。さらに範囲を広げるには，1 つ上の分類群である Phasmatidae 科の生物を調べるという手順が定石である。

近縁種を調べよう

ターゲットの生物種のゲノム配列情報が公共データベースに見つからないことも多々ある。その場合，生物の分類（taxonomy（タクソノミー））を使って近縁種のゲノム配列情報があるかどうかを調べてみよう。それは，ターゲットの生物種と近縁種ではゲノムサイズなどが似通っていて，ほぼ同じだろうという類推が可能だからである。つまり，近縁種のゲノムサイズの情報はターゲットとする生物のゲノムサイズを推定するうえで参考となる。しかしながら，近縁の生物種であってもゲノムサイズが大きく異なる場合もあるので注意が必要である。

その具体的なやり方は次節で詳しく説明するが，taxonomy の分類木を種（species）から属（genus）に上がって，その中でゲノムデータがあるものを探す。それでもなければ科（family）まで上がる，というやりかたである（**図 2-5**）。

ゲノム配列の公共データベース

ゲノム配列の公共データベースにはいくつか種類あり，1 つにまとめられているというわけではない。それぞれにその網羅性や，利用可能な付加的なデータに

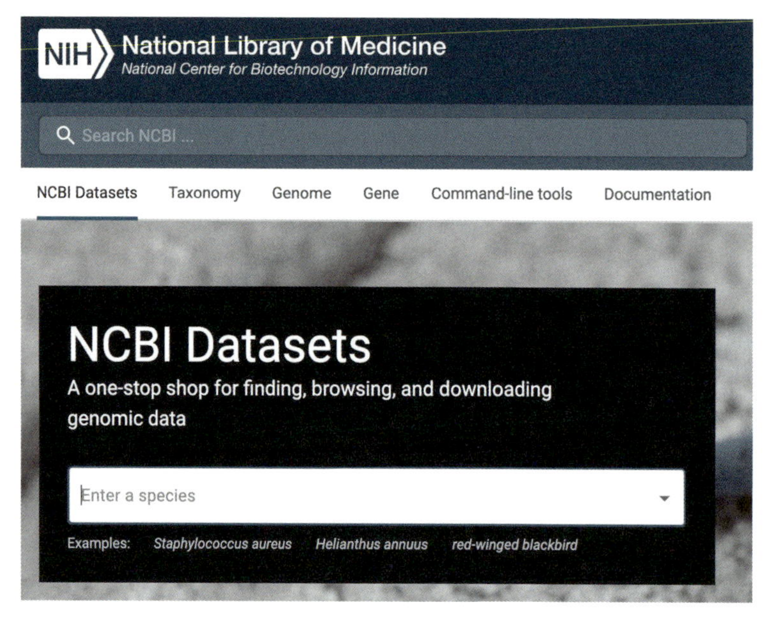

図 2-6　NCBI Datasets
https://www.ncbi.nlm.nih.gov/datasets/

違いがある。その中でゲノム配列が解読され登録されているかどうかを調べることによく使われるのは，NCBI のデータベースの 1 つである NCBI Datasets である。

NCBI Datasets

NCBI Genome と呼ばれていた NCBI のゲノム関係のデータベースは，2020 年代には NCBI Datasets として利用できるようになっている（**図 2-6**；https://www.ncbi.nlm.nih.gov/datasets/）。同じ学名の生物種でも別のグループが解読し，アセンブルしたデータ（アセンブリと呼ぶ）に関してもデータが詳細に登録されている。

NCBI Datasets で，アマミナナフシの学名 *Entoria okinawaensis* と入力してみた結果を**図 2-7** に示す。この生物種の簡単な説明と，NCBI のデータベースでの関連するエントリ数が表示される。2024 年 9 月現在，「Genome」と書かれた項目がなく，「organelle」に「Browse 1 organelle」とリンクがあるだけであ

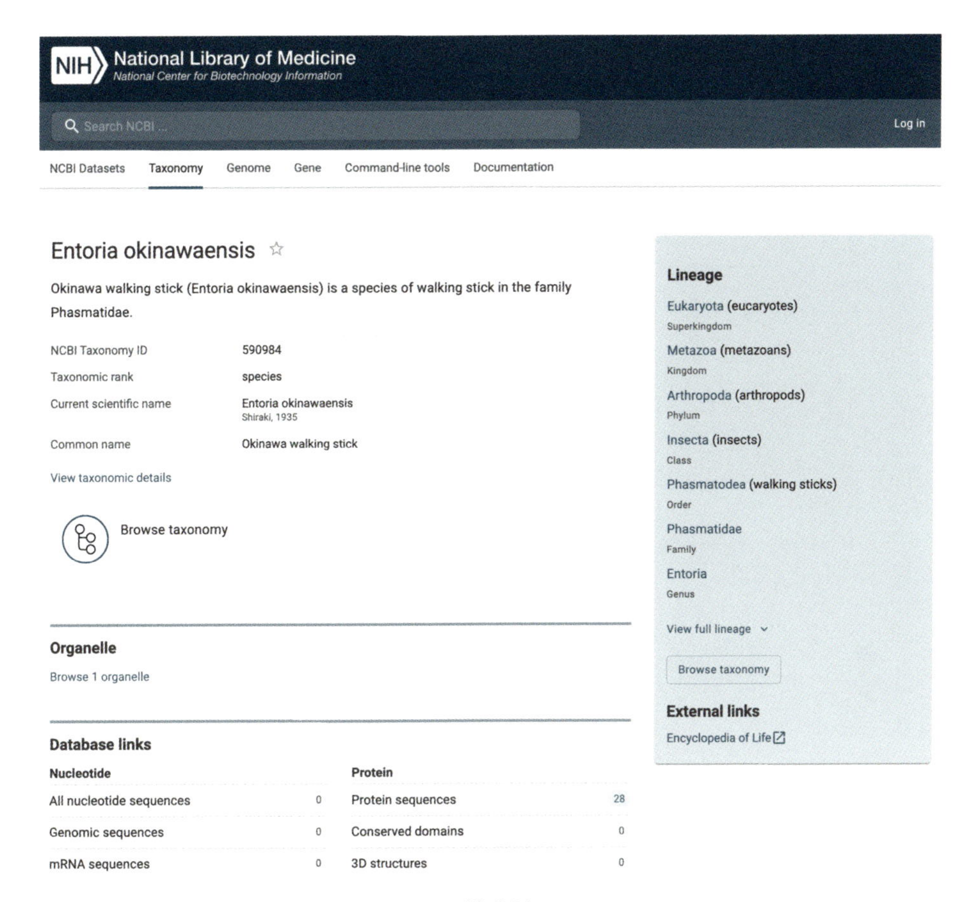

図 2-7　*Entoria okinawaensis* での検索結果
その生物種の簡単な説明と，NCBI のデータベースでの関連するエントリ数が表示される。右に出ている外部リンク（External links）に「Encyclopedia of Life」があり，ここをたどるとこの生物に関わる情報を外部のサイト（Encyclopedia of Life）で調べることができる。

る。つまり，アマミナナフシのゲノム配列はまだ解読されていない。そこで，真ん中にある「Browse taxonomy」ボタンを押してみよう（**図 2-8**）。

すると，*Entoria okinawaensis* の taxonomy が，それぞれの分類群に属する生物種でゲノム配列が登録されている種の数とともに表示される。この図でわかるのは，2024 年 9 月末現在 *Entoria* 属も 0（ゲノム配列が決定された生物種なし），Phasmatidae 科（ナナフシ科）では 5 ある，ということである。そこで，「Phasmatidae」のリンクをたどってみよう。

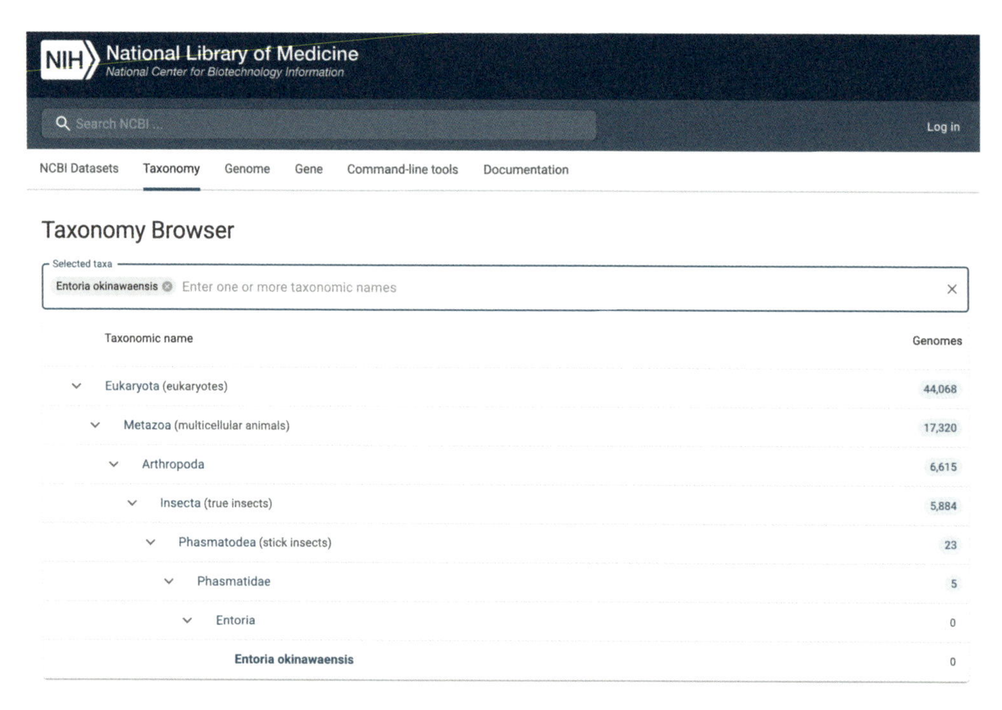

図 2-8　Taxonomy Browser

Entoria okinawaensis の Taxonomy が，それぞれの分類群に属する生物種でゲノム配列が登録されている種の数とともに表示されている。ゲノム配列が決定された生物種は，*Entoria* 属では 0，Phasmatidae 科（ナナフシ科）では 5 種あることがわかる。

「Phasmatidae」をクリックをすると（**図 2-9**），NCBI Datasets 中の Phasmatidae 科に属するすべての生物種を足し合わせた NCBI のデータベースでの関連するエントリ数が表示される。「Genomes」の項目には先ほどと異なって「Browse all 5 genomes」と書かれたリンクがあり，ゲノム配列が登録されている種が 5 つあることがわかる。このリンクをさらにたどってみよう。

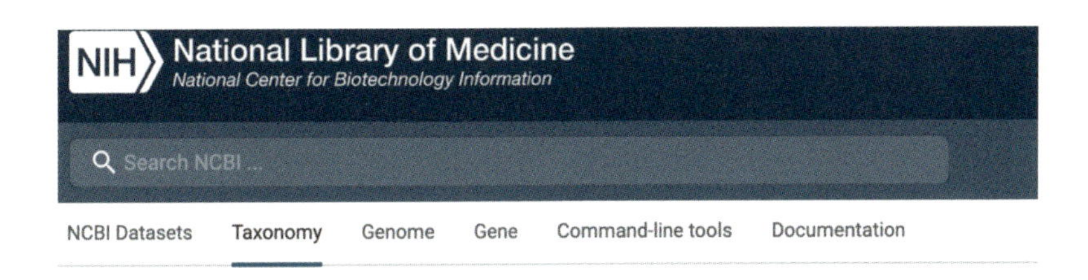

Phasmatidae ☆

Phasmatidae is a family in the order Phasmatodea (walking sticks).

NCBI Taxonomy ID	55199
Taxonomic rank	family
Current scientific name	Phasmatidae

View taxonomic details

Browse taxonomy

Genomes

Browse all 5 genomes

Organelle

Browse all 7 organelles

Database links

Nucleotide		Protein	
All nucleotide sequences	0	Protein sequences	35,939
Genomic sequences	0	Conserved domains	0
mRNA sequences	0	3D structures	0

図 2-9　NCBI Datasets 中の Phasmatidae

NCBI Datasets 中の Phasmatidae 科に属するすべての生物種を足し合わせた NCBI のデータベースでの関連するエントリ数が表示されている。「Genomes」の項目には「Browse all 5 genomes」と書かれたリンクがあり，ゲノム配列が登録されている種が 5 つあることがわかる。

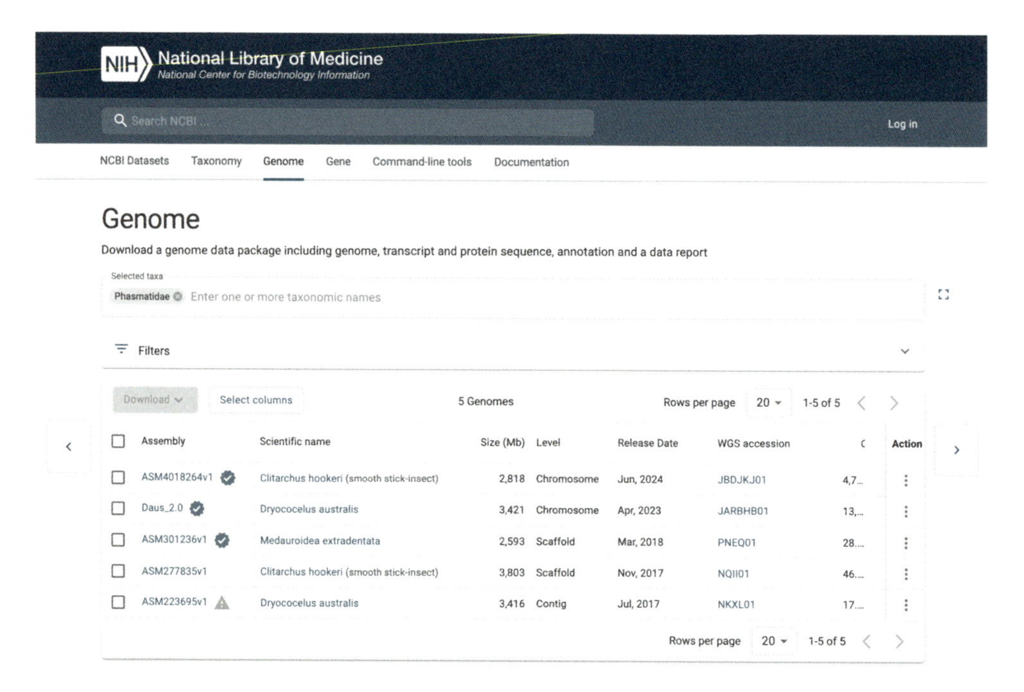

Assembly	Scientific name	Size (Mb)	Level	Release Date	WGS accession	(	Action
ASM4018264v1	Clitarchus hookeri (smooth stick-insect)	2,818	Chromosome	Jun, 2024	JBDJKJ01	4,7...	
Daus_2.0	Dryococelus australis	3,421	Chromosome	Apr, 2023	JARBHB01	13,...	
ASM301236v1	Medauroidea extradentata	2,593	Scaffold	Mar, 2018	PNEQ01	28....	
ASM277835v1	Clitarchus hookeri (smooth stick-insect)	3,803	Scaffold	Nov, 2017	NQII01	46....	
ASM223695v1	Dryococelus australis	3,416	Contig	Jul, 2017	NKXL01	17....	

図 2-10　NCBI Datasets 中の Phasmatidae

Phasmatidae 科でゲノム配列が登録された種とそのゲノム配列の情報が表示されている。生物種の学名（Scientific name）とともに，ゲノムサイズ（Size〔Mb〕）やゲノム配列のアセンブルのレベル（Level；ゲノムの精度の高い順に Chromosome，Scaffold，Contig），公開された年月が示されている。一番左のカラム（Assembly）には，チェックマークの入った上から 3 つと，警告マーク▲のついた一番下のものがあるが，後者はコンタミネーションが検出されたという印である（詳しくは本文参照）。

「Browse all 5 genomes」をクリックすると（**図 2-10**），Phasmatidae 科でゲノム配列が登録された種とそのゲノム配列の情報が表示される。アセンブリごとに，生物種の学名やゲノムサイズ，アセンブルのレベルなどの情報が示されている。コンタミネーション（contamination；英語で汚染という意味で，しばしばコンタミと略す）が検出されたデータには▲印（フラグ）がつけられている。そのようなデータが取り除かれるわけでなく，印をつけて残されているのは，NCBI が国立医学図書館（National Library of Medicine：NLM）の一機関であり，データをアーカイブしていく，という観点からであろう。このような印がつけられたデータもダウンロード可能であるが，他の生物の配列などの混入があるということなので，その利用に関しては注意が必要である。

すでにターゲットの生物のゲノムが解読されて登録されていたとしても，ゲノム解読しようとしていたプロジェクトを止めると決めるのはまだ早い。登録されていた生物の属性情報をよく見てみよう。多くの場合は種が同じでも系統（strain）が違っていたり，あるいは，ゲノム配列の品質が chromosome レベルでなく低いものであったりするからである。公共データベースに記載された情報をよく精査し，自身の研究目的に利用できるものであるかどうかを判断することが重要である。

whole genome shotgun（WGS）

NCBI Datasets に載っていなくても whole genome shotgun（WGS；`https://www.ncbi.nlm.nih.gov/genbank/wgs/`）にデータが収録されているケースがある。最近決定されたゲノムではこのようなケースは減ってきているが，それでもかつてゲノム配列決定が試みられて，ゲノム配列と呼べる品質には達していないものの有用である配列データが登録されている（WGS については“WGS sequences are incomplete genomes that have been sequenced by a whole genome shotgun strategy”と説明されている）。

WGS には細菌のデータが圧倒的に多く登録されており，塩基配列とそれに関する実験情報（メタデータ）は NCBI Sequence Set Browser から閲覧できる（**図 2-11**；`https://www.ncbi.nlm.nih.gov/Traces/wgs/`）。

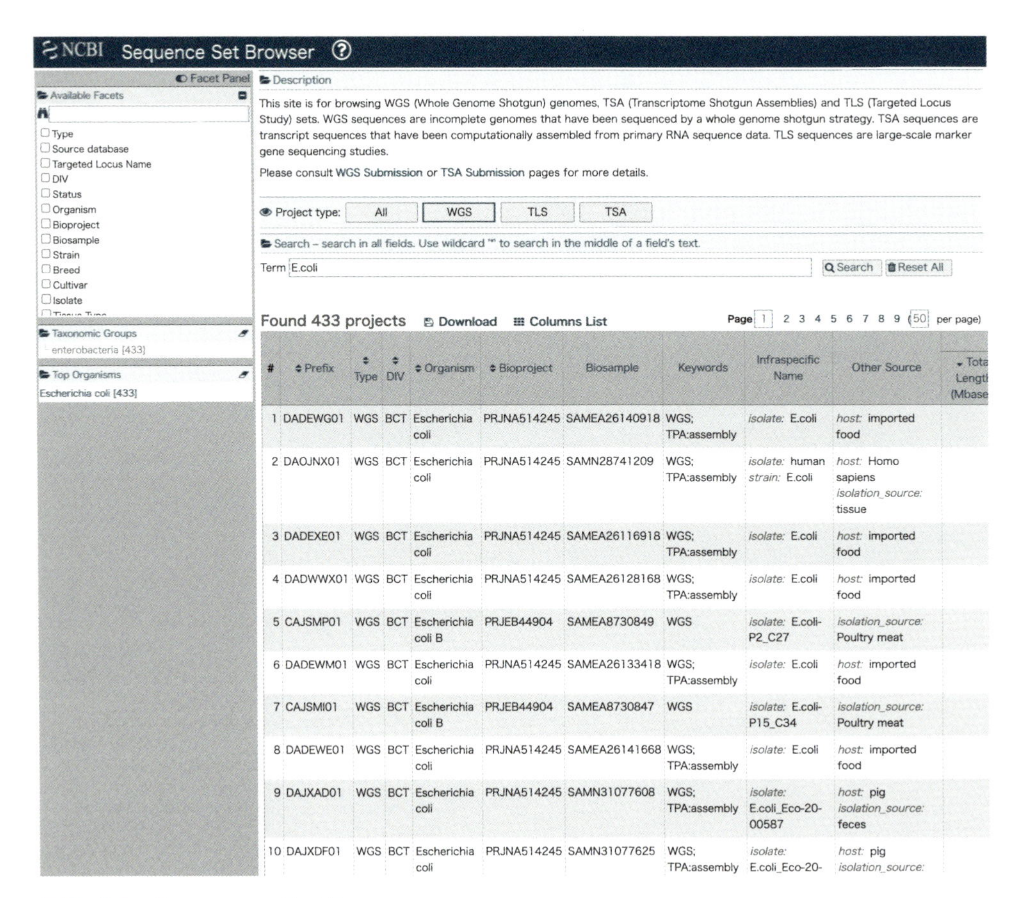

図 2-11　Sequence Set Browser

NCBI Sequence Set Browser で「WGS」ボタンを選択したうえで，Term に「E. coli」を入力して検索した結果。さまざまな *E. coli*（大腸菌）のエントリが表示される。それぞれの行にあるリンクをたどっていくと，各エントリの詳細情報や塩基配列を取得することができる。

コラム

transcriptome shotgun assembly（TSA）

Sequence Set Browserには「TSA」というボタンもある。これはtranscriptome shotgun assembly（TSA）のことで，RNA配列（厳密にはそれをDNAに逆転写したcDNA配列）をアセンブルした結果となっている（**図2-12**）。WGSがゲノムデータなのに対して，TSAはトランスクリプトームデータのアセンブル結果の置き場となっている。ゲノムサイズが大きいためにゲノム解読があまり進んでおらず，RNA-Seq配列解読の結果のアセンブルがしばしば行われる生物種（例えば，昆虫）のデータが数多くおさめられている。

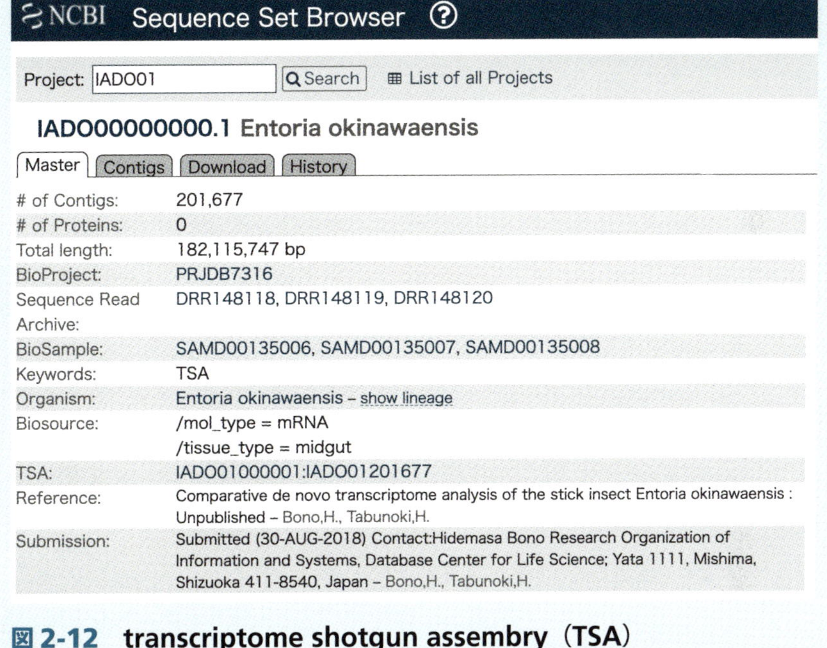

図2-12　transcriptome shotgun assembry（TSA）
著者が登録したアマミナナフシ（*Entoria okinawaensis*）のTSAエントリ。どのSequence Read Archive中の配列をアセンブルした結果であるか，などのメタデータが記載されているほか，「Download」タブからはアセンブルした結果がダウンロード可能となっている。

モデル生物種のゲノムデータベース

ゲノムのまだ解読されていない生物種を研究する場合であっても，ゲノム研究の進んだモデル生物のデータはとても参考になる。モデル生物においてゲノムデータ，特にこれまでになされてきたゲノムアノテーションを調べる目的では，

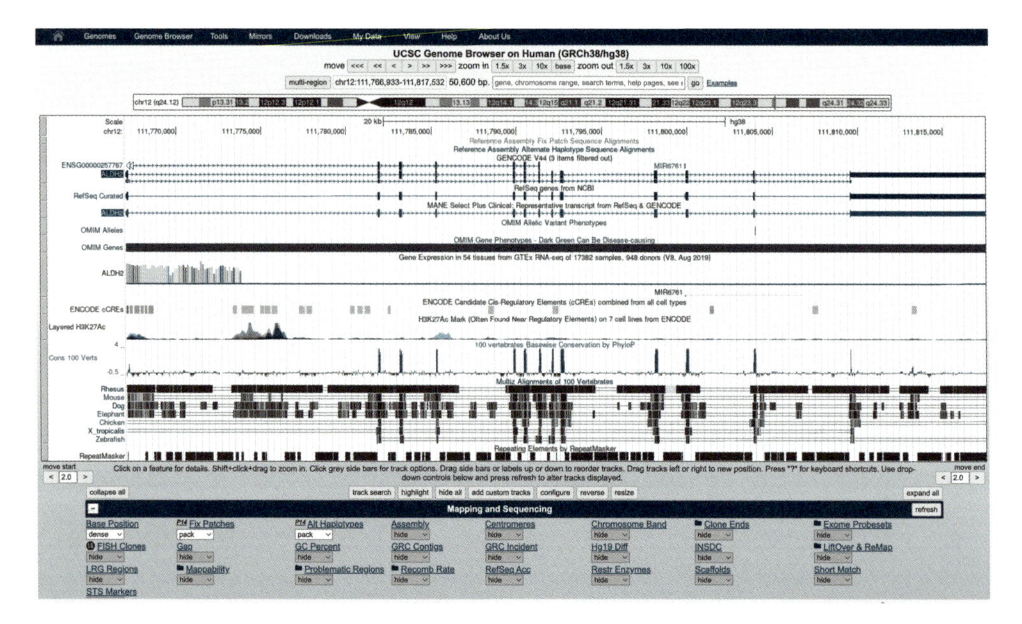

図 2-13　UCSC Genome Browser

UCSC Genome Browser においてヒト（アセンブリのバージョンは GRCh38/hg38）で *ALDH2* 遺伝子を検索したときに表示された chr12:111,766,933～111,817,532 の領域。さまざまなゲノムアノテーションが表示されるが，これはデフォルトのセットの表示であって，下部に続く Track の設定で任意のゲノムアノテーションを Track と呼ばれる行として追加していくことができる（デフォルトではほとんどすべての Track が「hide」になっていて表示されていない）。

UCSC Genome Browser か，Ensembl Genome Browser を用いる。名前のとおり，ともにゲノムブラウザと総称され，ゲノム座標に対してアノテーションされたデータを統合的に閲覧するためのツールである。

UCSC Genome Browser

UCSC Genome Browser は，カリフォルニア大学サンタクルーズ校（University California Santa Cruz：UCSC）で作成，維持されているゲノムブラウザで，ヒトやマウスなどのゲノム解析において最も使われているゲノムブラウザである（**図 2-13**；`https://genome.ucsc.edu/`）。

ゲノムの任意の場所を拡大縮小し，それぞれの領域につけられたゲノムアノテーションとともに閲覧することが可能である（**図 2-14**）。表示されるゲノムア

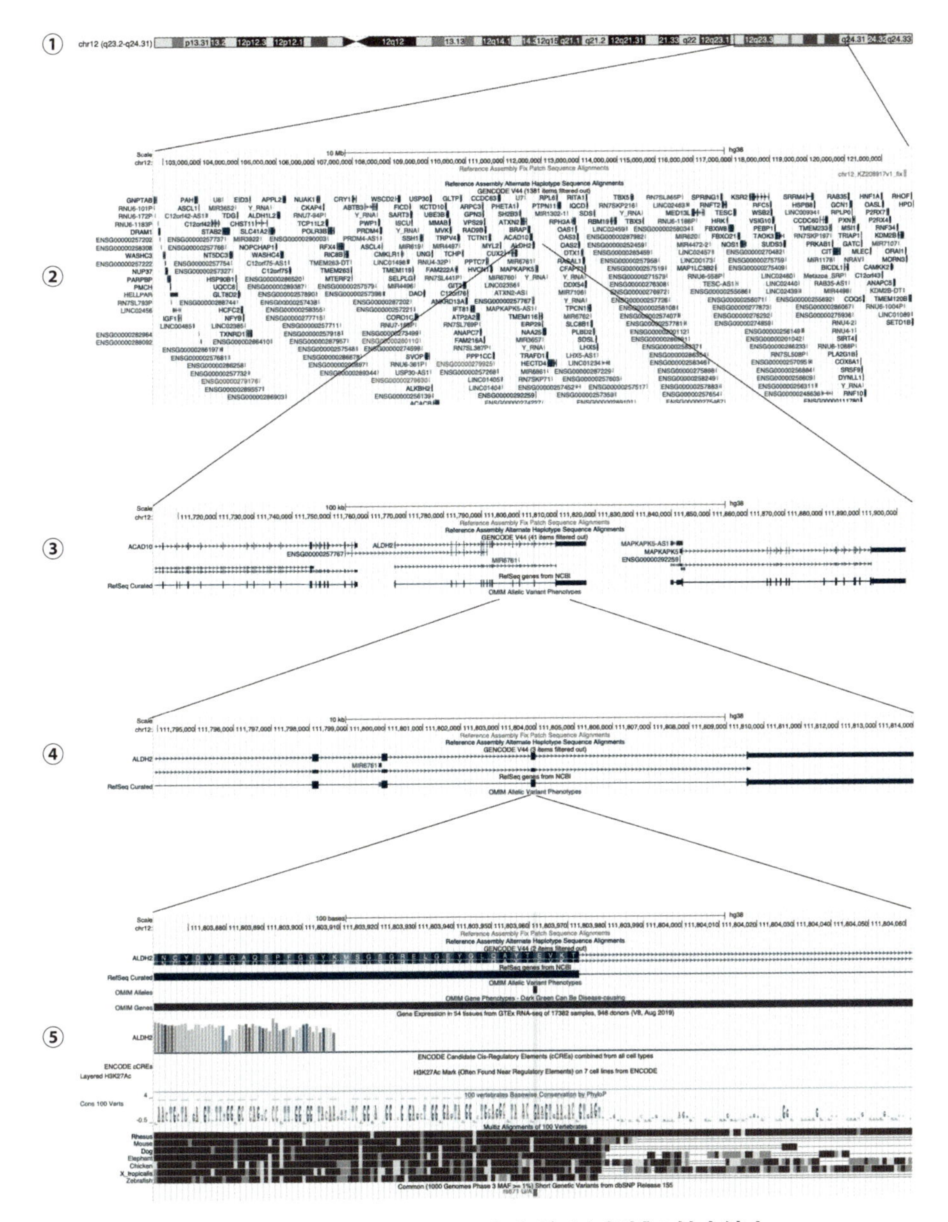

図 2-14　UCSC Genome Browser によるゲノム領域の拡大縮小

UCSC Genome Browser は，ゲノムのすべての領域を見ることが可能な「ゲノムのブラウザ」である。一番上（①）に示した 12 番染色体の四角で囲った領域には次の行（②）に示したようようなたくさんの遺伝子がコードされているが，それを 10,000 倍拡大した次の行(③)では *ACAD10*, *ALDH2*, *MAPKAPK5* の 3 つの遺伝子が表示される。さらに 100 倍拡大すると（④），*ALDH2* 遺伝子のエクソン–イントロン構造が見られる（太い線がエクソン，細く矢印が見えている部分がイントロン）。最後に 10,000 倍拡大すると（⑤），コードされたアミノ酸配列や近縁生物種との保存度までもが見てとれるようになる。

ノテーションは Track と呼ばれ，デフォルトでは多くの研究で使われるであろう最小限の Track のみが表示され，ほとんどすべては非表示（hide）となっている。これらの Track は，ゲノムブラウザの下のほうに多数表示されている。UCSC Genome Browser がデータをもっているものだけでなく，外部にそのゲノム座標とアノテーションがある Track Hubs（「My Data」メニューからアクセスできる）を使うことでさらに多くのゲノムアノテーションをゲノムブラウザ上に表示させせることができる。また，自分自身でゲノム座標とその場所のゲノムアノテーションを記述したファイルをアップロードし，表示させせることも可能である。UCSC Genome Browser の実際の使い方などは，統合 TV を参照してほしい（**図 2-15**）。

図 2-15　統合 TV における UCSC Genome Browser 関連コンテンツ

生命科学分野のデータベースやウェブツールのチュートリアル動画を発信している統合 TV（https://togotv.dbcls.jp/）で「UCSC」をキーワードに検索してみると 55 件のヒットがあり，そのうち動画マニュアルが 38 件であった。UCSC Genome Browser は有用な使い方がいろいろと可能で，その方法が動画で多数紹介されている。

UCSC Genome Browser に限らず，ゲノムブラウザを使う際に注意しないといけないのは，アセンブリが違うとゲノム上の座標も大きく異なってくるということである。例えば，過去の論文に記載されているゲノム上の座標がゲノムアセンブリのバージョン GRCh37（かつては hg19 とも呼ばれていた）であるのに，GRCh38（hg38 ともいう）のゲノムアセンブリのゲノムブラウザを使ってその座標を入力しても思い通りの位置にはならないことがある。常に今使っているゲノムアセンブリのバージョンが何であるかを意識して利用しよう。

Ensembl Genome Browser

脊椎動物向けに作られているので生物種の網羅性は高くないもの，さまざまな種類の配列データとそのアノテーションデータが使いやすくまとまっているのがこの Ensembl（アンサンブル） Genome Browser である（以下，Ensembl と略す；**図 2-16**；`https://www.ensembl.org/`）。Ensembl は，当初 European Bioinformatics Institute（EBI）と Sanger Institute との共同プロジェクトとして 1999 年にス

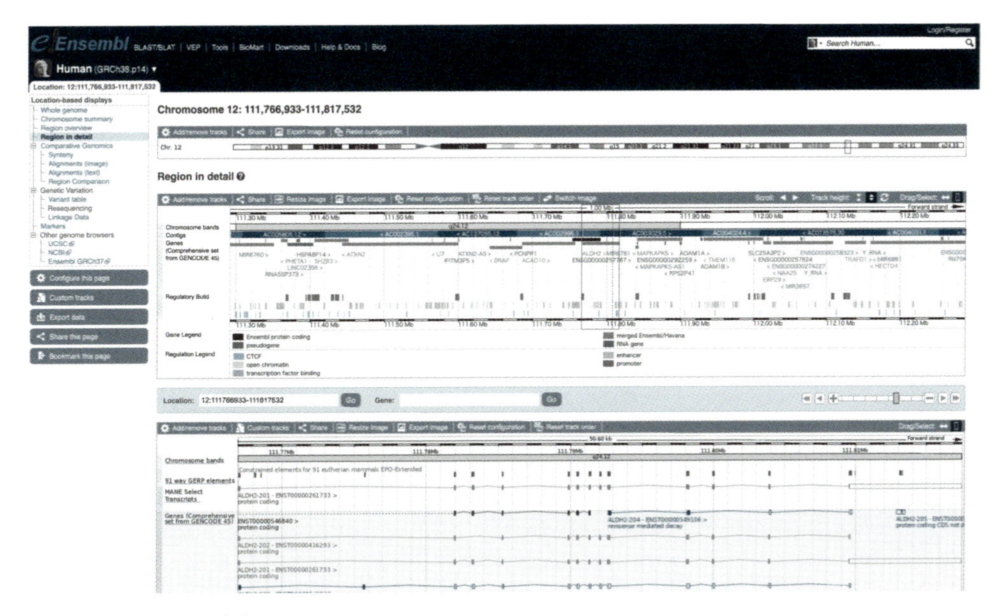

図 2-16　Ensembl Genome Browser

図 2-14 において UCSC Genome Browser で表示した *ALDH2* をコードする領域を Ensembl Genome Browser で表示したイメージ。UCSC Genome Browser と同じく，多くの Track がデフォルトでは hide になっていて表示されていないが，On にすることでいろいろなレベルで表示させることが可能である。

タートし，現在は EBI のサービスとして維持されている。

調べたい遺伝子名などを検索して，興味ある生物種を選択してその遺伝子がコードされているゲノム領域を表示するところから始まるのは UCSC Genome Browser と同様である（**図 2-17**）。その遺伝子にある，すでにアノテーションされているトランスクリプトバリアントも一目でわかる。

配列データとして，ゲノム配列以外に非コード RNA を含めた転写産物配列，タンパク質配列が各生物種同じフォーマットで維持されている。そのため，複数の生物種で同一の解析を行うのに適したデータ構造となっており，また表示されている情報の元データがすべてダウンロード可能となっているため，大規模な比較ゲノム解析が非常にやりやすくなっているのが Ensembl の特徴である。

遺伝子データの作成手法に関しても UCSC Genome Browser 同様，独自に作成したもの（Full genebuild）だけでなく，外部のアノテーションを取り込んだ

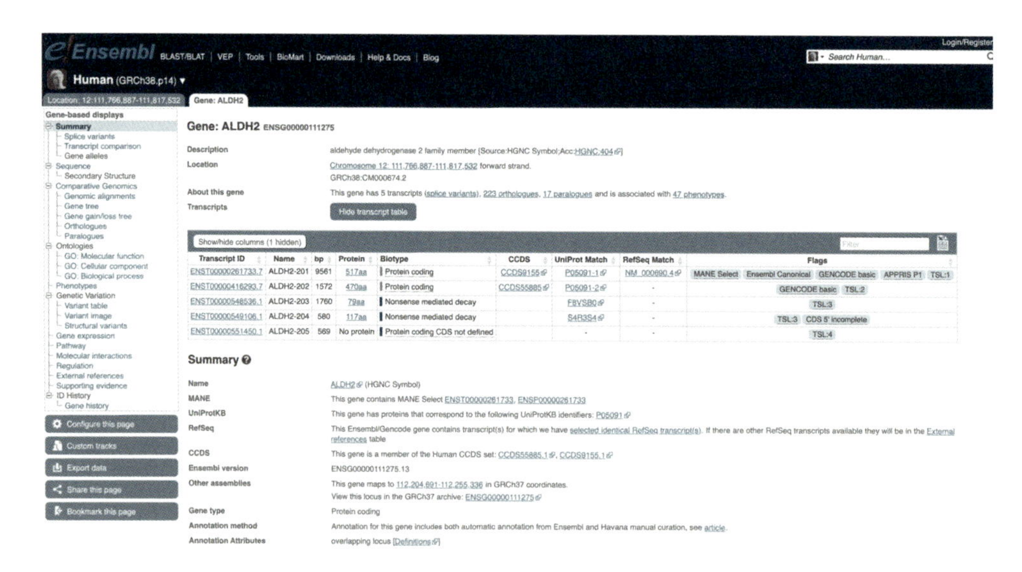

図 2-17　Ensembl Genome Browser での遺伝子レベル表示

前述の *ALDH2* 遺伝子を Ensembl Genome Browser で遺伝子レベルの表示をしたもの。アノテーションされた複数の転写産物（transcript）が Transcript 表としてまとめられ，各種 DB との対応づけがなされている。これが，すべての遺伝子で利用可能なのは有用である。

もの（External annotation import）などがある。また，すべての生物種に対して同じレベルの付加的な情報が利用可能というわけではなく，Variation と Regulation のデータベースがない生物種も掲載されていることが，データベースに入っている種の一覧で明示されている（https://www.ensembl.org/info/about/species.html）。

Ensembl 本体は，ヒトを中心に脊椎動物のゲノムデータがまとめられている。それ以外の生物群に関しては EnsemblGenomes（https://ensemblgenomes.org/）として，EnsemblPlants（植物），EnsemblMetazoa（後生動物），EnsemblProtists（原生生物），EnsemblFungi（真菌），EnsemblBacteria（細菌）のカテゴリー分けで，Ensembl 本体とほぼ同じデータセットが整備されている（**図 2-18**）。利用可能なデータはすでに公開されているものや研究グループから提供されたものであり，すべての生物種でヒトやマウスなどのモデル生物と同じレベルでアノテーションされているものではないことに注意が必要である。Ensembl 本体と同じく，比較ゲノム解析の際に非常に有用なリソースとなっ

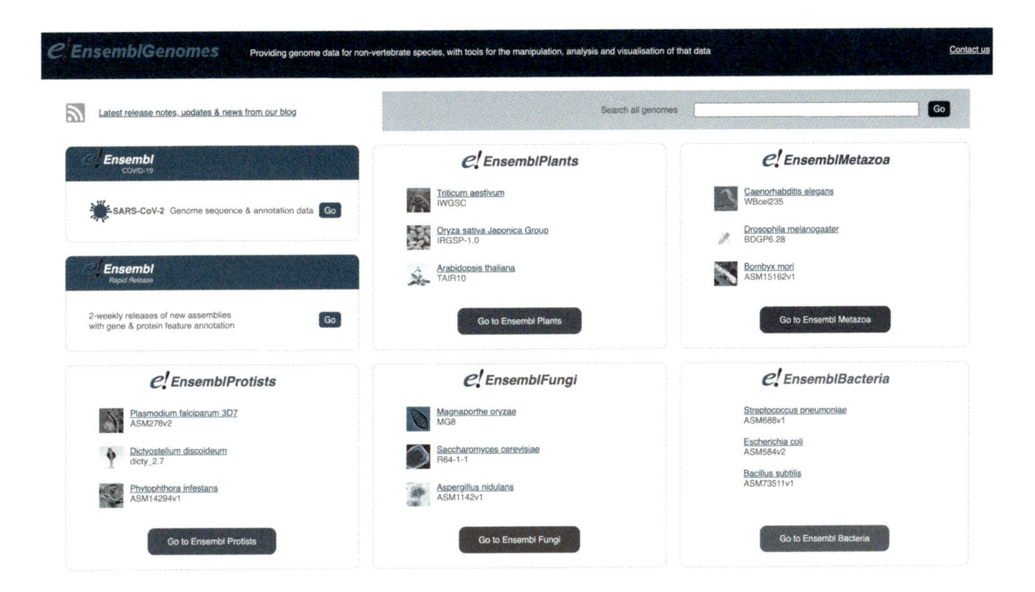

図 2-18　EnsemblGenomes
EnsemblGenomes のトップページ（https://ensemblgenomes.org/）。Ensembl と同様の可視化が各種生物種のゲノムデータについてなされている。

コラム

大規模データ解析に必要なこと

ゲノム配列やゲノムアノテーションデータを扱うにはウェブブラウザ上でデータを閲覧して操作するだけでなく，大規模なデータ解析が必要となってくる。それは，データサイズが大きく，また一度に扱うデータ数も多いからである。例えば，ヒトゲノムのサイズは 30 億塩基で，1 塩基当たり 1 byte とすると 3 Gbyte，ヒトコード遺伝子だけでも 2 万ある。そのため解析には，通常コンピュータを使う際に用いるグラフィカルユーザーインターフェース（Graphical User Interface：GUI）だけでなく，コマンドラインインターフェース（Command Line Interface：CLI）が必須となってくる。生命科学分野で必要な CLI の使い方に関する教科書としては，拙著『Dr. Bono の生命科学データ解析 第 2 版』（メディカル・サイエンス・インターナショナル，2021），独学のために著した実践書『生命科学者のための Dr. Bono データ解析道場 第 2 版』（メディカル・サイエンス・インターナショナル，2023）を参考にして欲しい。

ている。

ゲノムアノテーションデータの統合化

すべての生物種においてそうであるが，ゲノムアノテーションは複数のグループが独立に行ってきたため，それぞれ少しずつ異なるデータが多数表示されるようになっている。例えば，UCSC Genome Browser の例（図 2-14）であっても，*ALDH2* に対する複数の遺伝子モデルが表示されており，それらはゲノムブラウザ上で併記されているのが普通である。それらを統一していこうという動きがあり，Matched Annotation from NCBI and EMBL-EBI（MANE；「マネ」ではなく「メイン」と発音する）プロジェクトが 2024 年現在，NCBI と EBI で行われている（`https://www.ncbi.nlm.nih.gov/refseq/MANE/`）。

2.2 ゲノム解読のためのサンプリング

この節は，ゲノム解読のためにどのようにして必要な試料をサンプリングすべきかという，マニアックな内容である。データ解析だけをする場合には，読み飛ばしても差し支えない。しかし，サンプリングはゲノムを解読するうえで非常に大事なステップであり，得られるゲノム配列の品質に直接影響してくる。

ゲノム配列を解読するためには，その生物由来の組織や血液などがサンプルとして必ず必要である。そして，そのサンプルからDNAを精製してDNAシークエンサーに供する（**図2-19**）。用いるDNAシークエンサーや実験の種類によってサンプルの準備の仕方も異なり，用いるシークエンサーの手順書（プロトコル）に書かれたやり方に従ってサンプルを準備する。例えば，クロマチン構造上で近接した領域を配列解読によって見いだす手法であるHi-Cの実験をするためにはクロマチンの構造を保った状態で架橋する必要があるため，通常の抽出したDNAだけではなく，その生物の組織サンプルが必要となる。

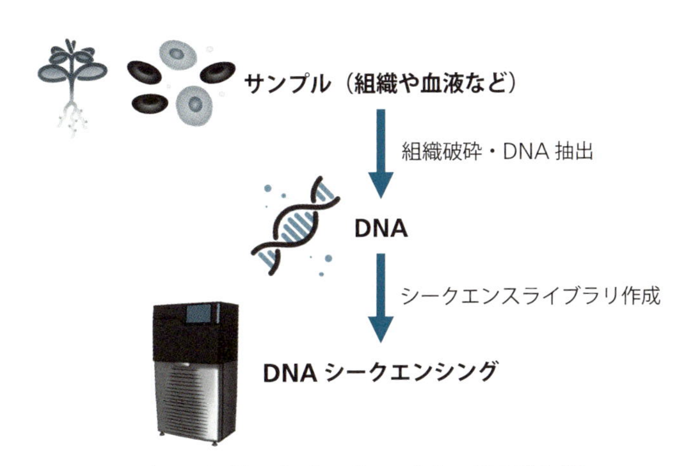

図2-19　ゲノム解読のためのサンプリングの流れ図
DNAシークエンシングのためには，混ざりものの少ない（純度の高い）DNAが必要である。それを生体サンプルからいかにして抽出するか，がポイントとなってくる。絵は©2016 DBCLS TogoTV, CC-BY-4.0

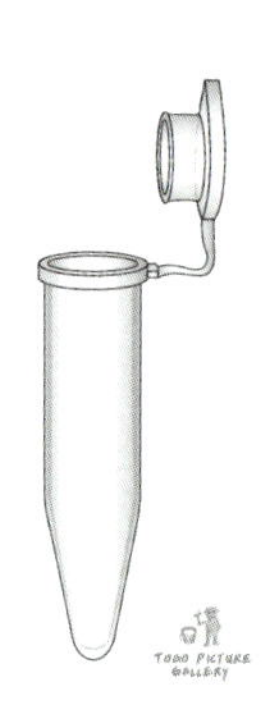

図2-20　マイクロチューブ

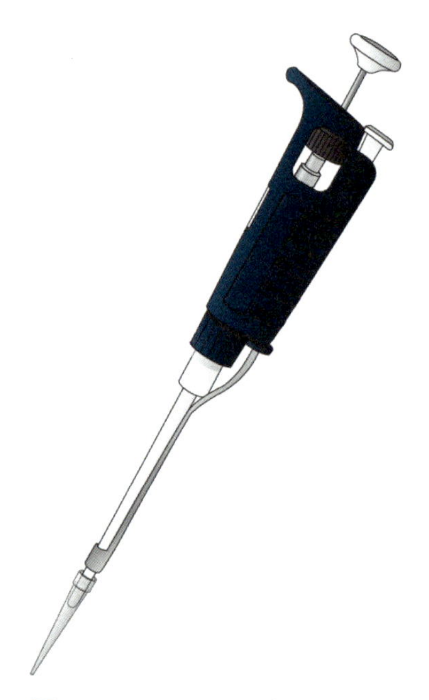

図2-21　マイクロピペット

以下の内容は，著者らの研究室で現在，ゲノム解読を行う際に日常的に行っていることや一般的に言われていることのまとめである。

基本的な実験器具

まずは，サンプリングに使う基本的な実験器具を以下に図入りで紹介する。

マイクロチューブ（**図2-20**）：DNAやRNAは数μg，液量にしても数μLから数mLと微量なので，図2-20にあるような小さな使い捨てのプラスチックチューブを用いて各種操作を行う。

マイクロピペット（**図2-21**）：マイクロチューブにはピペットを用いて試薬を入れる操作などを行う。ピペットの先には使い捨てのチップをつけて用いる。使用する前にダイヤルを回して吸い込む量を設定する。「ピペットマン」とよく呼称されるが，ピペットマンはギルソンという会社が売っているマイクロピペットの

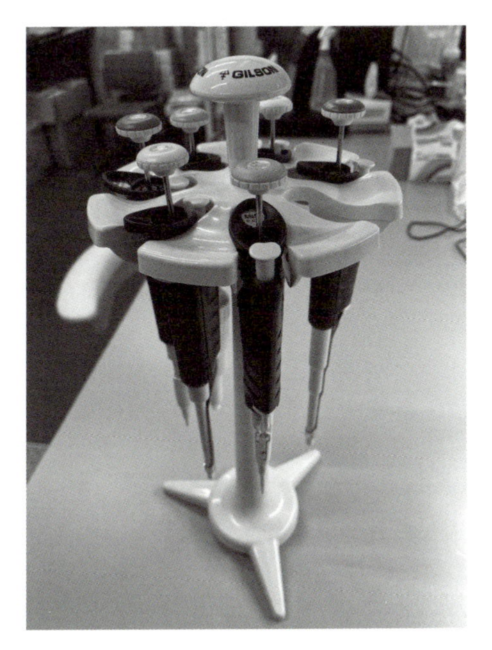

図 2-22　マイクロピペット各種とマイクロピペットたて

図 2-23　チップ
使い捨てのチップはこのようなケースに入れて，1つずつ装着して使用する。

商品名である。マイクロピペットにはそれぞれ容量範囲が決まっており（**図 2-22**），それぞれに適したチップ（**図 2-23**）を装着する必要がある。必要な容量に対応したピペットを適宜選んで使い分ける。

ボルテックス（**図 2-24**）：マイクロチューブに必要な試薬を入れたら蓋をしっかり閉めて，ボルテックスと呼ばれる装置にあててしっかり攪拌する。

卓上遠心機（**図 2-25**）：ボルテックスなどで混ぜた後は，チューブの側面についた液滴を底に落とす目的で，遠心力の強さは比較的弱めの卓上遠心機を用いる。

パラフィルム（**図 2-26**）：蓋のないチューブや 1 度開封してしまった試薬に封をするのに使われるのがこのパラフィルムである。

図 2-24　ボルテックス

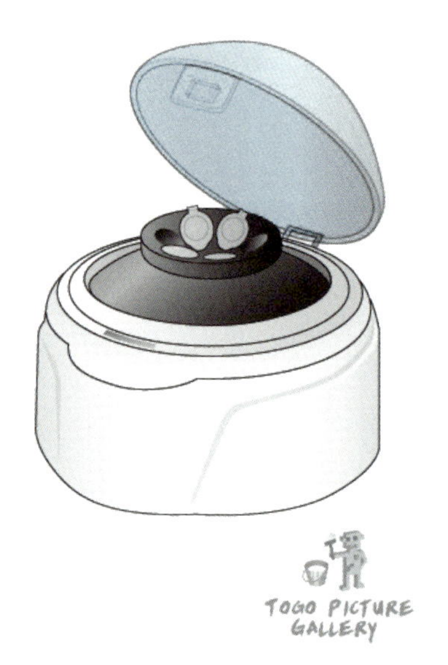

図 2-25　卓上遠心機

DNA の量と質

ゲノム解読するためにはそれが可能となる量の DNA を抽出する必要がある。どれぐらいあれば大丈夫という決まった数値はなく，DNA 配列の解読方法や使用する試薬によってそれは増減する。

2020 年代においては，ゲノム解読の目的であれば，一般的に数 μg ほどの DNA 量があれば問題ない（小さな数値を表す接頭語については**表 2-1** を参照）。ただ，DNA 量がたくさんあってもそれが断片化されて非常に短くなっていてはいけない。例えば，ロングリードシークエンサーの使用を予定しているのに，数百塩基長の短い DNA 配列ばかりでは解読できない。

ゲノム解読という観点からは蛇足ではあるが，RNA を扱う場合についても述べておく。RNA を分解する RN アーゼ（RNase）がヒトの手や唾液など環境中に多数存在しているため，作業する実験台から RN アーゼを除去し，特に厳重に手

図 2-26　パラフィルム

表 2-1　小さな数値を表す接頭語

接頭語	読み	大きさ
m	ミリ	10^{-3}
μ	マイクロ	10^{-6}
n	ナノ	10^{-9}
p	ピコ	10^{-12}

袋をして作業を行う。ピペットのチップも RNA 用のフィルターチップを用いることを推奨する。

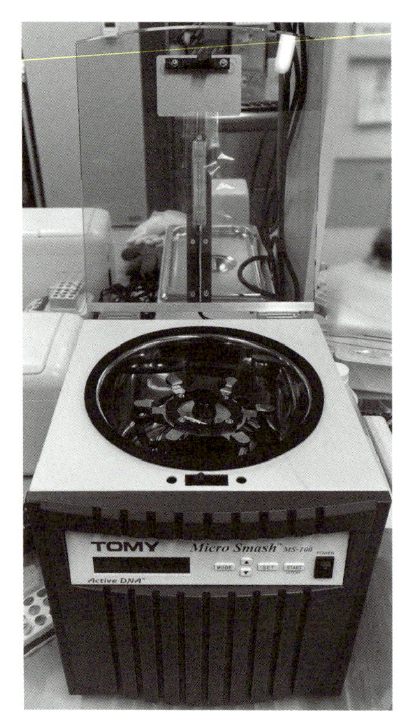

図 2-27　ビーズ式細胞破砕装置
チューブの中にパチンコ玉のようなビーズを入れて，それを高速で振動させることで動植物組織などのサンプルを短時間で破砕し，DNA や RNA が抽出できる装置。写真はトミー精工の MS-100。

図 2-28　自動核酸精製装置
最小限のステップおよびマニュアル操作で（つまり多くのステップを自動で），1 時間弱で良質な DNA や RNA を精製できる装置。写真は Promega 社の Maxwell RSC Instrument。

どこからとってくるか

ゲノム DNA を抽出するサンプルを生物体のどこからとってくるかは，生物種によって大きく異なる。ゲノムは一部の例外を除き［注：ヒトなどの赤血球は脱核しているのでゲノムはない］，生物を構成するすべての細胞に含まれている。したがって，基本的にはどの組織でもよいはずであるが，ゲノム解読のために品質のよい DNA を抽出できる組織が望まれる。動物の場合はその個体を殺さずに非侵襲的にサンプルのとれる血液や尻尾の一部（げっ歯類などの場合），昆虫の場合は全組織，植物の場合は細胞分裂が盛んに起こっている若い葉からが一般的である。細菌の場合は，単一のクローンから取得する。**図 2-27〜31** に，サンプルからゲノム DNA を抽出する際に用いる装置を示す。

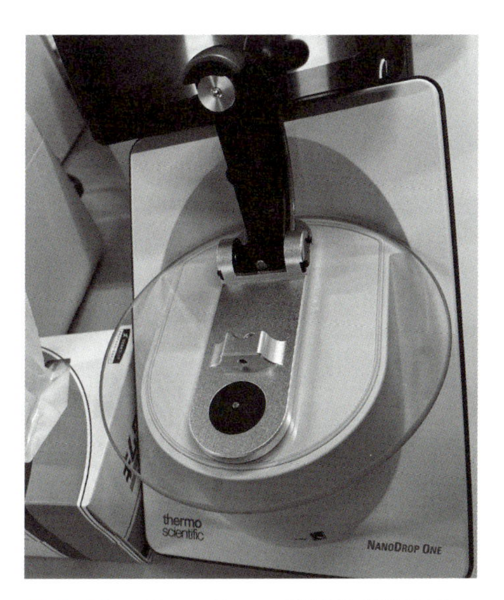

図 2-29 NanoDrop 微量分光光度計
わずか 1〜2 μL のサンプルから DNA，RNA，およびタンパク質を迅速に定量できる装置。写真は Thermo Fisher Scientific 社の NanoDrop One。

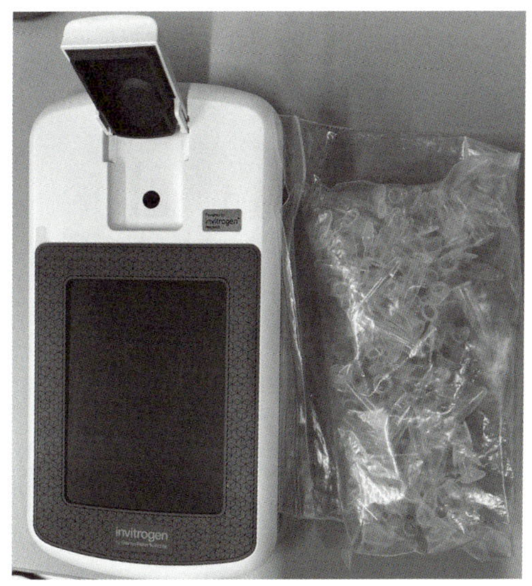

図 2-30 フルオロメーター
単一サンプル中の DNA，RNA，またはタンパク質の濃度を正確かつ迅速に測定できる装置。右にあるチューブに専用の試薬とサンプルを混ぜ入れて，上部の穴に差しこんで測定する。写真は Thermo Fisher Scientific 社の Qubit 4 Fluorometer。

複数の生物種が混じった状態でゲノム配列解読を行うこともあり，これはメタゲノム解析と呼ばれる。しかしながら，より長くつながった高い品質のゲノム配列を得るには，単一の生物種，しかも同一個体からのゲノム解読が望まれる。細菌や昆虫など 1 個体が非常に小さく，前述のようなゲノム解読に十分な DNA サンプル量を得られない場合には，複数の個体由来のサンプルでゲノム配列解読を行うこととなる。

また，できる限り個体差がないようにサンプルを選ぶ必要がある。つまり，可能であれば 1 個体からゲノムを抽出することが望まれる。しかし，昆虫などにおいては個体が小さく複数匹からでないと十分なゲノム DNA が得られないことがある。その場合にはできる限り遺伝的なばらつきが少なくなるように，ゲノム DNA 抽出に使う個体数をできる限り減らすなど，条件を検討する必要がある。

図 2-31　全自動電気泳動装置 4150 TapeStation

DNA および RNA サンプルの品質管理（QC）に適した全自動電気泳動システム。専用の ScreenTape と試薬を使用することにより高い精度と正確な分析評価を得ることが可能。ScreenTape は奥のスロットに入れる。写真は Agilent 社の 4150 TapeStation。

倍数体の問題

ゲノム解読する前に確認しておかないといけないのが，解読するゲノムが何倍体の生物であるかについてである。倍数体とは，その生物の染色体の数が，その種の基本数の整数倍になっている個体のことを指す。ヒトをはじめ，多くの生物は二倍体（diploid〔ディプロイド〕）となっている。「ゲノム」は一倍体（半数体；haploid〔ハプロイド〕）のすべての DNA 配列であり，ヒトは父親と母親から受け継いだ 2 組のゲノムをもつ。そしてそれらは微妙に異なっており，ヒト個人のゲノムにおいても父親と母親に由来する配列間にはある程度の差異（平均 1,000 塩基に 1 カ所程度，つまり約 0.1%）がある。

この 2 組の「ゲノム」の違いは，ゲノム配列決定においてこれまでずっと障害となってきた。そこで，できる限り 2 種類の（ハプロイド）ゲノムが同じサンプルを使うことがゲノム配列解読においては定石であった。しかし現在では，ゲノム間の違いも後のゲノムアセンブルの過程において検出できるようになってきている（2.4 節「ゲノムアセンブル」を参照）。そのおかげで，多くの生物種のゲノ

表 2-2 おもな多倍数体生物

生物種	倍数体の種類	コメント
アフリカツメガエル	4	ネッタイツメガエルは二倍体でそのモデルとしてよく使われているが，両方ともすでにゲノム解読されている
コムギ	2，4，6	経済上最も重要なパンコムギは六倍体であるが，すでにゲノム解読されている
キク	2，4，6，8，10	栽培ギクは六倍体。そのモデルとして二倍体のキクタニギク（*Chrysanthemum seticuspe*）がゲノム解読されている

ムが特別に準備しなくても解読できるようになってきたのである。

すべての生物が二倍体かというと，そういうわけではない。ハチ目のオスは一倍体である。また逆に，ほぼ同じゲノム配列を 2 コピーより多くもっている生物もある。そのような生物のことを多倍数体と呼ぶ（**表 2-2**）。例えば，アフリカツメガエルは四倍体であることが知られている。また，キクは倍数性が非常に多様で，二倍体から十倍体まで各種知られている（`https://shigen.nig.ac.jp/chrysanthemum/CrossTableAction.do`）。このキクの例のように，特に植物は多倍数体であることが多い。

ゲノムを解読する前にその生物が倍数体であるかどうか，これまでの文献情報などからあらかじめ調べておく必要がある。

実験自動化

生体試料から DNA を取得するところまでは，生物種ごとにさまざまな処理が必要となるために，個別に対応するケースがほとんどである。

しかしながら，DNA や RNA が得られてから NGS に供するためのシークエンスライブラリーを作成する部分に関しては実験自動化（ラボオートメーション）のロボットが開発され，さまざまな会社から商品化されている。それによる恩恵は，エラーの低減，再現性の向上，スループットの向上，研究開発プロセスの効率化，などである。具体的には，液体の取り扱いやサンプルの標識づけなどの手動作業を排除しながら，人的エラーを削減する効果がある。

しかし，初期費用の高さやカスタマイズの難しさの問題があるほか，実験がうまくいっているかどうかの確認や緊急停止システムが必要であるという課題がある。これらの課題を解決するためには，高精度センサーを組み込んだロボットの採用や，実験条件をリアルタイムで調整可能な AI による制御システムの導入が有効であると考えられる。AI とロボット，生命科学などの融合研究ともいえる実験自動化技術の今後の発展に注目が集まっている。

シークエンス用のライブラリーができたら，いよいよつぎは実際のシークエンシングとなる。

2.3 ゲノム配列解読の実際

2020年代の今，ゲノム配列解読に用いるDNAシークエンサーは大きく2種類に分かれる。数百塩基長をたくさん（数千万〜数百億本）解読できるショートリードシークエンサー（以降，ショートリードと略す）と，数万塩基長をショートリードよりは少なめ（といっても数百万本）に解読できるロングリードシークエンサー（以降，ロングリードと略す）である（**図2-32**）。いずれも，従来のサンガー法によるDNA配列解読手法とはまったく異なるやりかたでDNA配列を解読する手法である。サンガー法の「次の世代」のシークエンサーということで，これらのDNAシークエンサーは次世代シークエンサー（Next Generation Sequencer：NGS（エヌジーエス））と呼ばれることが多いが，NGSと呼ばれ始めてすでに20年以上経っており，Now Generation Sequencer（現在の世代のシークエンサー）のNGSとなっているものばかりである。これらのDNA配列解読方法の詳細については以下で説明していく。

多くのNGSは各研究室にシークエンサー本体を導入して各研究者がそれを操作するというものではなく，専門のオペレーターによる実験操作が必須となっている。以下で詳細を述べるナノポアシークエンサーのMinION（ミナイオン）がほぼ唯一の例外であり，各自の実験室で研究者が使えるシークエンサーである。それ以外のシークエンサーを利用する場合は，大学や研究所の共通機器室や外部の専門業者に外注して配列解読を依頼する。

ゲノムサイズが数M塩基長程度の小さな細菌などの生物ではショートリードからの配列情報だけでゲノムアセンブルも可能であるが，それ以上の大きなゲノム配列の解読には，2020年代の現在ではロングリードを使うのが定石となっている。

ショートリードシークエンサー

前章で紹介したように，さまざまな分子メカニズム（しばしばケミストリーと

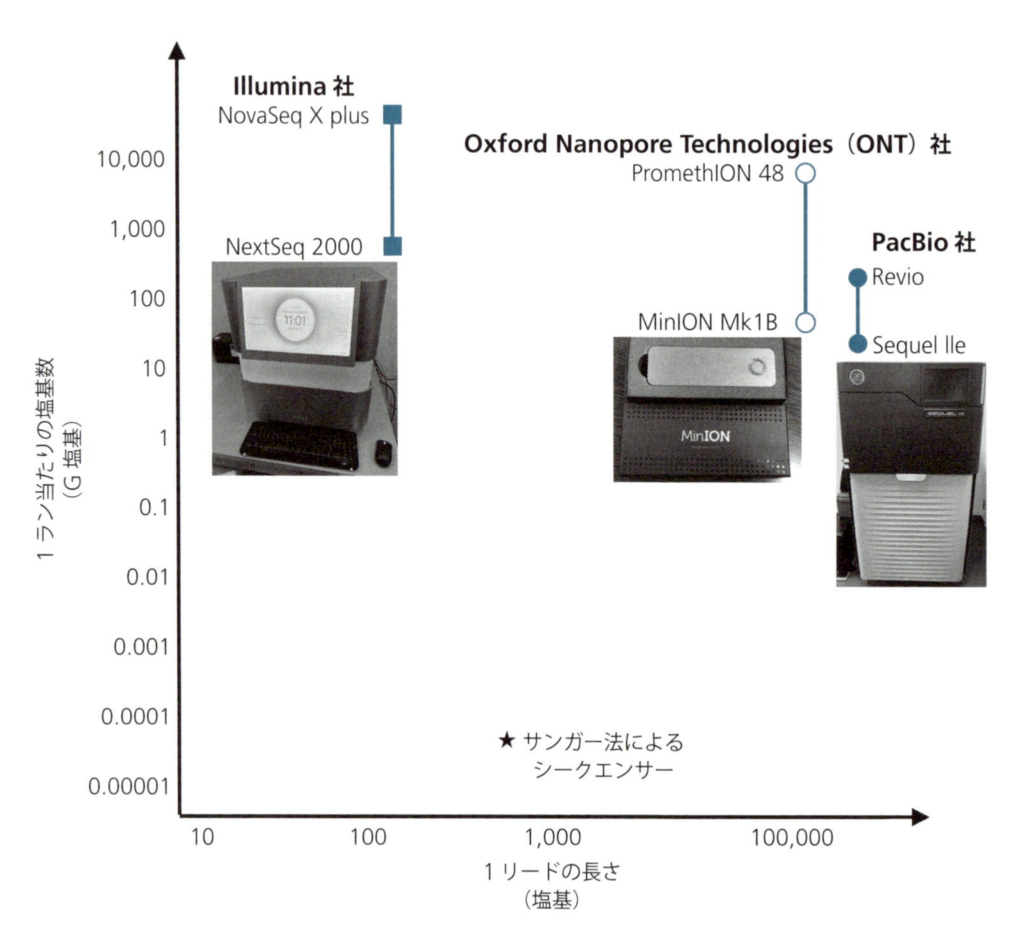

図 2-32　NGS のスペック（2024 年）

第 1 章の NGS の図（図 1-14）を参考に，2024 年 4 月現在でよく使われる NGS のスペックを，1 ラン当たりの塩基数を縦軸，1 リードの塩基長を横にして可視化した。それぞれのシークエンスクオリティーに関しては可視化されていないことに注意。サンガー法によるシークエンサー（下部の星印）と比較せよ。

呼ぶ）を利用したDNA配列解読手法が開発されてきた。しかしながら2020年代においては，ショートリードはsequence by synthesis（SBS）法によるIllumina社のシークエンサーか，それと類似のものしかほぼ使われていない。そのSBS法による配列解読の原理は以下の4つのステップからなる。

配列解読の原理を示した動画▶がYouTubeで閲覧可能
https://youtu.be/womKfikWlxM

1. **ライブラリー調整**：まず，DNA断片を配列解読するのにちょうどいい長さにする。未処理のゲノム配列は非常に長く，そのままでは配列解読できないためである。そして，その両端にアダプターと呼ばれる特徴的な配列を2種類貼りつけ（ライゲーション），両端にアダプターがついた適切な長さのDNA断片（ライブラリー）を調製する。
2. **クラスター形成**：薄いガラスでできた板であるフローセル上でライブラリーを増幅する。これをクラスター形成と呼ぶ。そうすることで検出可能な量を増やすことができる。フローセルにはアダプター配列に相補的なオリゴヌクレオチドがついており，それにライブラリーのアダプターが結合して相補的な配列が合成される。2種類のアダプター配列をPCRプライマーのように使うことで，ライブラリーをその場で増幅させていく。このときにライブラリーがアーチ状に増えていくので，ブリッジ増幅と呼ばれている。このようにしてフローセル上で最初に結合したDNA断片の周辺にそのコピーが多数生成され（ライブラリーが増幅され），クラスターが形成される。最後に二本鎖となっているところを一本鎖にする。
3. **シークエンシング**：DNAポリメラーゼと蛍光標識した可逆的ターミネーターを添加する。DNAポリメラーゼによる伸長反応は，保護基があるために一塩基だけで止まる。取り込まれなかったヌクレオチドは洗い流し，励起光を当てると取り込まれた塩基だけが観測できる。塩基ごとに違う色で標識されているので，どの塩基かが判別できる。さらに保護基をとりはずして，2回目の伸長反応を同様に行う。この反応はフローセル上のすべてのクラスターで同時に並列して行われる。このサイクルを繰り返していくことで各クラスターの塩基配列を解読することができる。クラスターの数はフローセルによってさまざまであるが，100 億が最大で（2024 年 2 月現在），300 サイクル回すと 30 兆塩基（30 Tb＝30,000 Gb，ヒトゲノムサイズは約 3 Gb なので，ヒトゲノム 1 万人分）ものデータとなる。この手法のことを sequence by synthesis（SBS）法と呼ぶ。

4. **データ解析**：読みとった塩基配列情報はバイナリベースコール，通称 BCL ファイルというデータとして出力される。BCL ファイルは読みとられた生データで，バイナリ形式のファイルである。そのままでは扱いづらいため，BCL ファイルから汎用のフォーマットである FASTQ ファイルに変換して他の解析に利用する。FASTQ ファイルは，次世代シークエンサーのデータを扱う上で最も標準的な形式のテキストファイルであり，ここから目的に応じたさまざまな解析が可能となる。

参考：楽しく学べるゲノム解析漫画「ゲノムに夢中」（Illumina 社の web サイト，`https://jp.illumina.com/destination/comic/love-genome.html`）

Quality score

Quality score（Quality value ともいう）は解読された塩基の信頼性を表す指標で，1 塩基ごとにスコアがついている。Quality score（Q とする）は以下の式により表される。

$$Q = -10 \times \log_{10}(e)$$

e はベースコールが正しく行われない確率の推定値である。Q の値が高いほど，エラーの確率が低いことを意味し，Q が 30 であれば，エラーの確率は 0.001（1,000 塩基に 1 つの間違い），ベースコール精度は 99.9%となる（**表 2-3**）。

FASTQ 形式の詳細な説明

FASTQ ファイルでは 1 つのリードは 4 行から構成されている。例えば，データが 12 Gb の大きさで 150 塩基長のフォーマットの場合，12 Gb/150 塩基＝

表 2-3　Quality score

Q	ベースコールが正しくない確率	ベースコール精度
Q10	1/10	90%
Q20	1/100	99%
Q30	1/1,000	99.9%
Q40	1/10,000	99.99%
Q50	1/100,000	99.999%

80 M（8,000 万）リードとなり，FASTQ ファイルの行数は 80 M×4＝320 M（3 億 2 千万）行となる。これほどの行数になると通常のソフトウェアでは開くことができないので，間違って FASTQ ファイルのアイコンをダブルクリックすることのないように注意が必要である。

FASTQ ファイルの各行の内容

行数	内容
1 行目	@ で始まる ID（identifier）を含むヘッダ行
2 行目	実際の塩基配列
3 行目	＋
4 行目	Quality Score

ショートリードでは当初は 36 塩基長しか解読できなかったが，技術革新により読める長さがのびて，2020 年代においては 100 や 150 塩基長のフォーマットがよく用いられている（**図 2-33**）。

また，DNA 断片の両端（5′ 側と 3′ 側）を解読することによって，より長い配列情報を知ることができる。この解読方法のことをペアエンドシークエンシング（単にペアエンドとも）という。

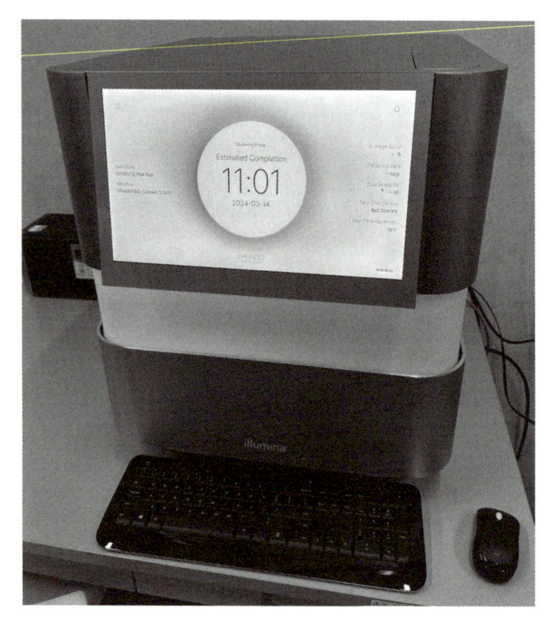

図 2-33　Illumina NextSeq 2000
デスクトップ型のショートリードシークエンサー NextSeq 2000。最新のP4 試薬だと 300 サイクル（2×150 塩基）で 1.8 G リード，すなわち 540 G 塩基を 1 ランで解読することができる。

一度に並列に解読できる配列数は，シークエンス反応試薬の性能の向上によって劇的に増えてきており，必要な配列解読の量に応じて調整できる。例えば，NovaSeq Xplus だと，1 回シークエンサーを動かす（シークエンスランという）と約 1,000 億（100 G）リードの DNA 配列が解読できる。実際にはペアエンドで 1 本の DNA 断片の両端の 150 塩基を約 500 億本解読，データ量としては約 16 T 塩基となる。ヒトゲノムはハプロイドゲノムで 3 G 塩基なので，約 5,300 人分のヒトハプロイドゲノム分が解読できることとなる。単一のサンプルからこれだけのシークエンス量を解読することは通常せず，インデックス配列を入れてサンプルを区別することによって，同時に複数のサンプルを配列決定している。

ショートリードはゲノムサイズの小さな細菌のゲノム解読などに 2020 年代においても使われているが，おもにすでにゲノム配列の決定した生物（例えばヒト）において，それぞれの個体がもつ軽微な違いの検出に広く用いられている。その軽微な違いは多型と呼ばれ，SNP（single nucleotide polymorphism）や SNV（single nucleotide variation）と略される。

ロングリードシークエンサー

2020 年代のゲノム解読のデファクトスタンダードとなっているのはロングリードである。ショートリードと同じ頃から開発が進められてきた。当初は 10 塩基読むと 1 つは間違っている（Q10）という程度の配列の質（シークエンスクオリティー）ということで使いものにならないといわれてきた。しかしながら，技術の向上，特に同じ配列を繰り返し読むなどによってシークエンスクオリティーは上がってきており，現在では新規のゲノム配列解読になくてはならない存在になっている。また，ゲノム解読済みの生物においても，前出の SNV よりも大きな挿入や欠失を調べる目的で用いられるようになってきている。以降，よく使われるロングリード 2 種類（**表 2-4**）について述べる。

PacBio シークエンシング

PacBio 社が開発した SMRT（single molecule, real-time の頭文字で「スマート」と読む）法と呼ばれ，一分子を対象として行われる。簡単にいえば，微細なウェル（zero-mode waveguide：ZMW）に落としこんだ DNA 一分子の DNA ポリメラーゼ伸長反応を観察することで配列決定が行われている（**図 2-34**；詳細は図の説明文を参照）。DNA ポリメラーゼが失活するまで（24～30 時間）伸長反応（シークエンス反応）が実施可能であり，その結果，ショートリードよりも長い配列の解読が可能となっている。

表 2-4　ロングリードシークエンサー

手法名	会社	商品名
単一分子リアルタイム（SMRT）法	PacBio	Sequel IIe，Revio など
ナノポアシークエンス法	Oxford Nanopore Technologies（ONT）	MinION，PromethION など

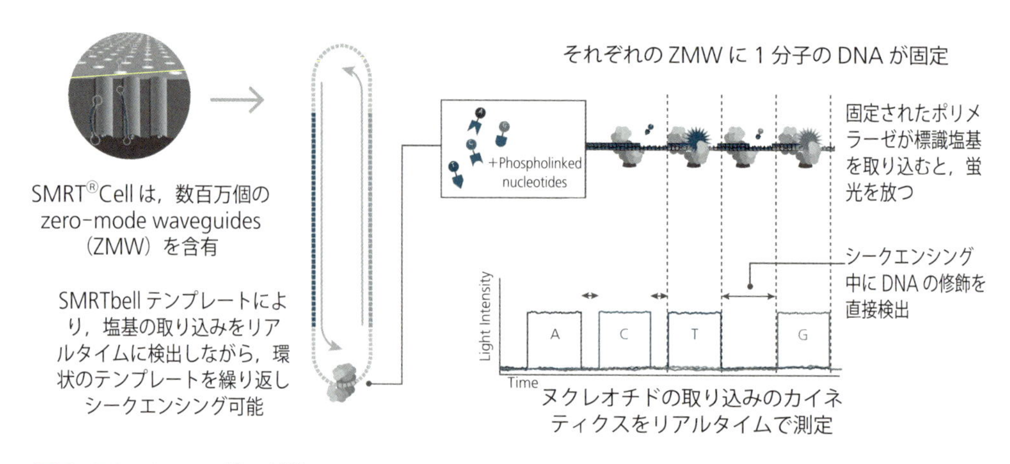

図 2-34　SMRT 法の詳細
調製したライブラリーは DNA ポリメラーゼとともに直径 100 nm の微細なウェル（ZMW）の中にブラウン運動で入る。ウェルの数は，Sequel II/IIe 用で 800 万個，Revio 用で 2,500 万個にも及ぶ。DNA ポリメラーゼがウェルの基部に固定されており，蛍光修飾された塩基を取り込みながら伸長反応を起こす。DNA ポリメラーゼが標識塩基を取り込むと蛍光を放ち，塩基情報が取得される。トミーデジタルバイオロジー株式会社の web サイト https://www.digital-biology.co.jp/allianced/products/pacbio/ より。

SMRT 法のイメージ動画▶が YouTube で閲覧可能
https://youtu.be/NHCJ8PtYCFc

Sequel IIe（シーケルツーイー）という機種（図 2-35〜37）では，前述の ZMW と呼ばれるウェルが 800 万ほどある解析用のセルを用い，また Revio（レヴィオ）という機種では，4 つのセルにそれぞれ 2,500 万個の ZMW をもっており，並列にシークエンス反応が観察される。Revio は Sequel IIe と比較して ZMW 数で約 3 倍，セル数で 4 倍になるので，理論上は 12 倍のシークエンス反応が観察できることになる。

得られたリードは continuous long read（CLR）と呼ばれ，この時点での精度は Q10 程度（85〜90%）とされている。実際には，二本鎖 DNA の両端にアダプターを貼りつけることで環状化した DNA を繰り返し配列解読することになる。その複数回配列解読されたリードを利用してエラー補正を行い，circular consensus sequence（CCS）リードが得られる。この補正で Q20 ほど（約 99%）の精度となる（図 2-38）。この同一分子内での繰り返し配列解読すること

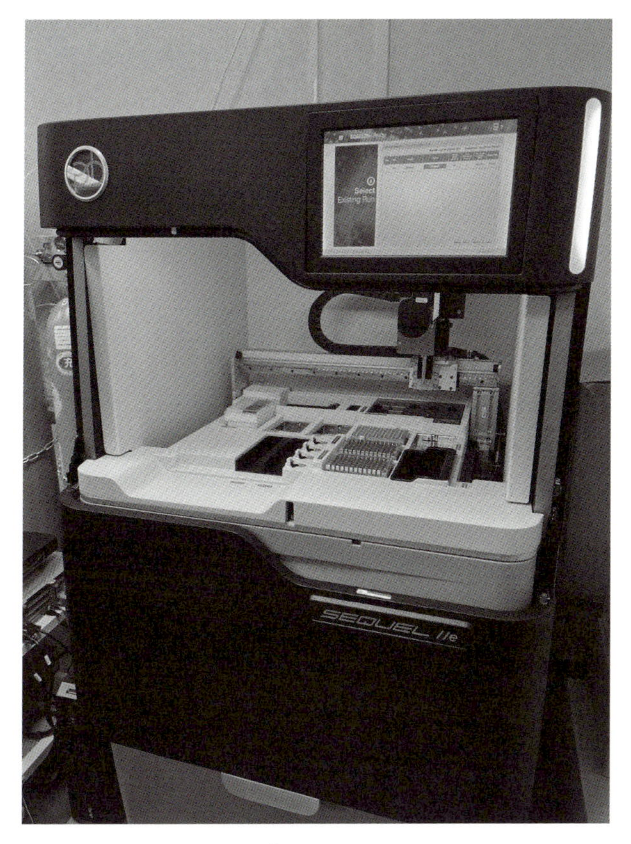

図 2-35 PacBio Sequel IIe

装置の中身上部は自動分注機のような感じであるが，この下部には解析用のPC（一次サーバー）が詰まっている。1ランで15 kから20 k塩基ほどのロングリードをHiFiリードとして約1 M（100万）得ることができるので，塩基数にして約15 Gから20 G塩基のデータ量となる。

がキーとなっている。さらにSequel II/IIeやRevioでは，解読された塩基配列からコンセンサス配列を得ることによって，high-fidelityという意味のHiFi（ハイファイ）リードと呼ばれるリード平均精度がQ33ほどの一分子ロングリードが実現されている。結果として，HiFiリードにおいては1,000塩基に1つの間違いの精度（Q30）よりも高いシークエンスクオリティーをもつ15,000〜20,000（15〜20 k）塩基ほどのリード長が得られる。

なお，配列解読の手順の詳細は，図2-38に付した説明文のほか，専門書を参

図 2-36　PacBio Sequel IIe のフローセル
使用済みのフローセル 4 つで，それぞれの中心部の正方形のところに 800 万個の微細なウェル（ZMW）がある。

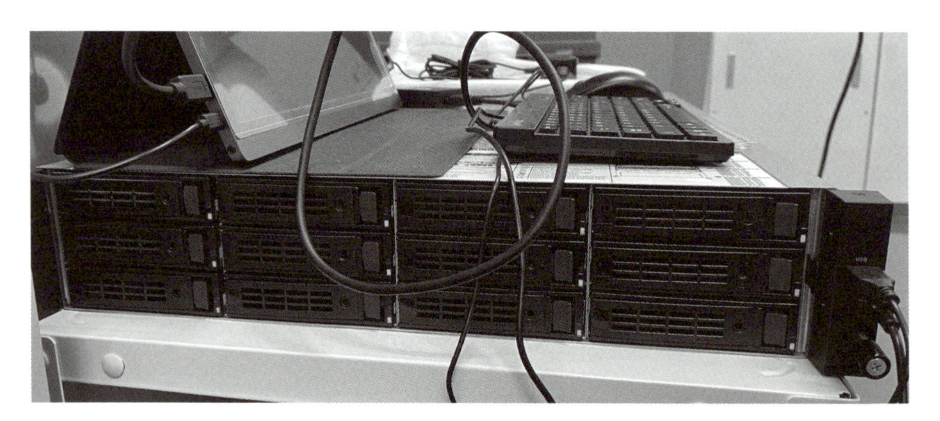

図 2-37　PacBio Sequel IIe の二次サーバー
HiFi リードを得るには，その計算のために，本体の一次サーバーに加えて多くのメモリとストレージを搭載した二次サーバーが必要になる。

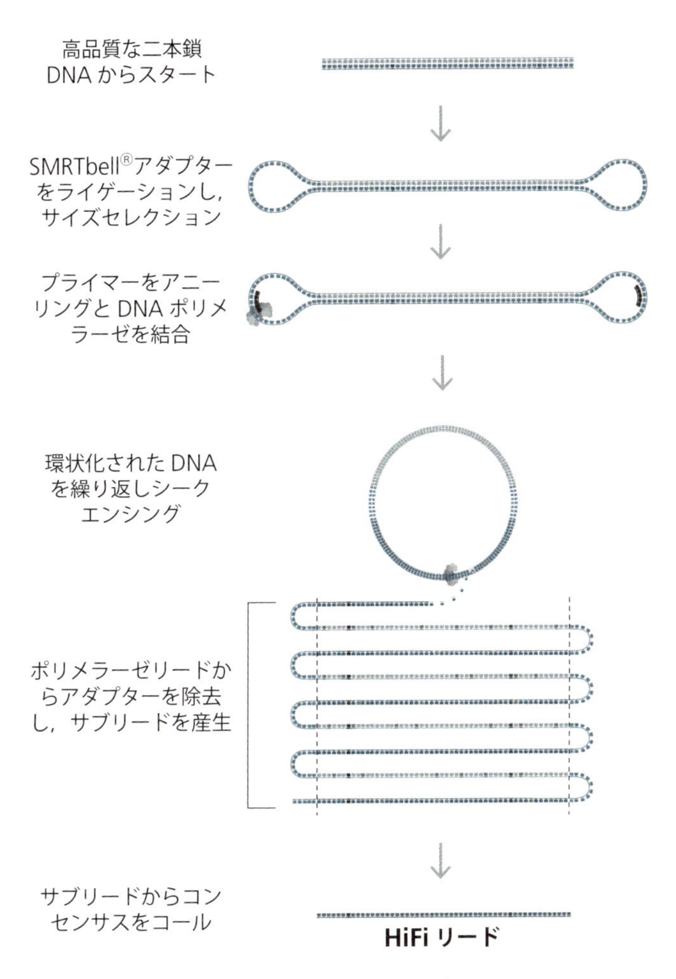

図 2-38　HiFi リードが得られるまでの概要

15 kb 程度の二本鎖 DNA の両端にヘアピン状のアダプター（SMRTbell アダプターと呼ばれる）を付加し，ライブラリーを作成する。ライブラリーのアダプター部分にプライマーと DNA ポリメラーゼを結合させる。DNA ポリメラーゼによって，環状化された DNA を，一塩基ずつ蛍光修飾された塩基を取り込みつつ，繰り返しシークエンシングする。アダプターを除去し，複数回読んだ領域を重ねてエラー補正を行い，HiFi リードを得る。トミーデジタルバイオロジー株式会社の web サイト https://www.digital-biology.co.jp/allianced/products/pacbio/より。

照していただきたい（参考：田村啓太ら．実験医学．2023；Vol. 41 No. 9 https://doi.org/10.18958/7281-00002-0000489-00）。

ナノポアシークエンス法

ナノポアシークエンス法は，オックスフォードナノポアテクノロジーズ社（Oxford Nanopore Technologies；以下，ONT と略す）が開発した，また別の DNA 配列解読手法である。配列解読の原理は簡単にいうと，ナノポアと呼ばれる膜にある穴に DNA を通したときの電位変化によってどの塩基が今通ったかを予測するという手法である（**図 2-39**）。その予測には機械学習のうち教師あり学習の手法が用いられている。

こちらのシークエンス手法もシークエンスクオリティーが課題となっており，多くの配列データを読むことでそれをカバーしている。

ナノポアシークエンス法のイメージ動画が YouTube で閲覧可能
https://youtu.be/RcP85JHLmnI

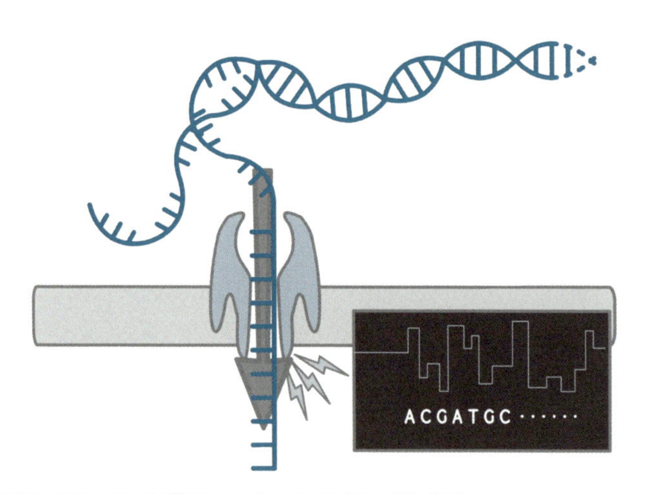

図 2-39　ナノポアシークエンス法の模式図
DNA が「ナノポア」（穴とそれを取り囲むタンパク質）を通るときの電位変化を測定することで DNA 配列解読が可能となる。© 2016 DBCLS TogoTV, CC-BY-4.0

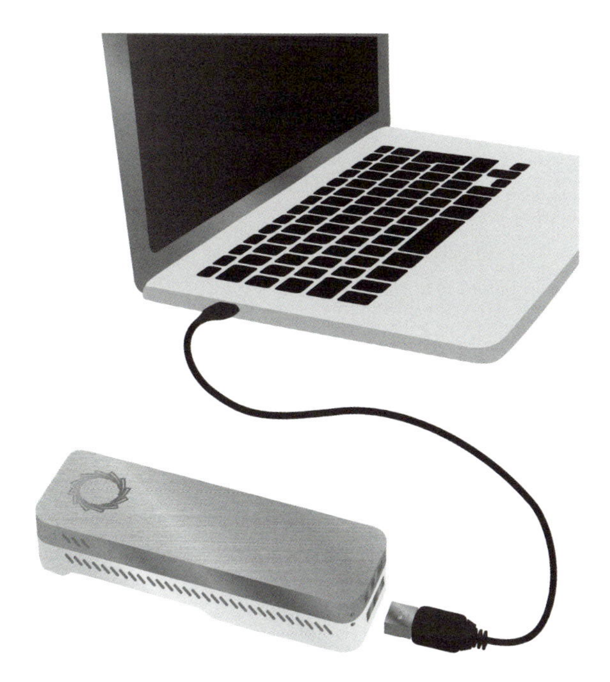

図 2-40　USB 接続型のナノポアシークエンサー MinION Mk1B

単体ではDNA配列解読はできず，パソコンで専用ソフトウェアを起動してそこから制御して使用するタイプのデバイスである。© 2016 DBCLS TogoTV, CC-BY-4.0

ナノポアシークエンス法を用いたMinION Mk1B（ミナイオン エムケーワンビー）は，電源もPCから給電されるタイプのUSB接続型のDNAシークエンサーとなっており，コンピュータに接続して専用アプリケーションから操作して使うことができる（**図 2-40**，**2-41**）。

ONT社製の各種ナノポアシークエンサーから出力されるデータはFAST5（ファストファイヴ）ファイルと呼ばれるネイティブ形式で保存されており，ナノポアからの生の信号データにもとづいて推論を行うために必要な情報が含まれている。これらの信号は，HDF5（hierarchical data format）と呼ばれるファイル形式ベースのFAST5形式で保存されている。

しかし，FAST5から汎用のFASTQに変換する際に必要な塩基配列判定（ベースコール）を行うPCにはgraphical processing unit（GPU）の搭載が必須と

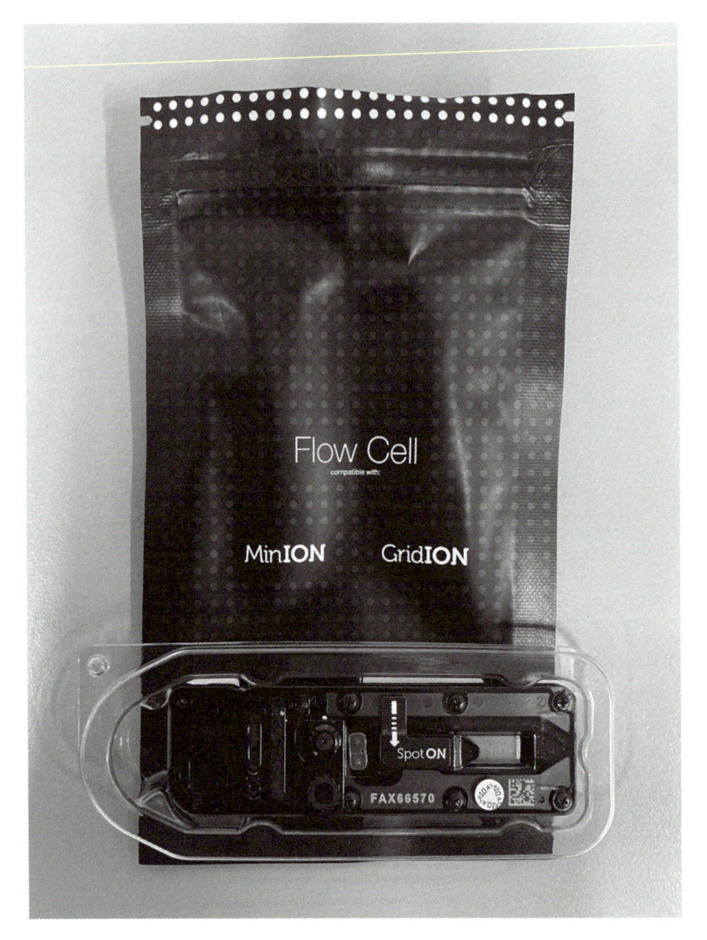

図 2-41　MinION 用のフローセル
このフローセルには 2,000 個の「ナノポア」（穴とそれを取り囲むタンパク質）があり，そこを通るときの電位変化を測定することで DNA 配列解読ができる。タンパク質を含むので，要冷蔵となっている。

なっており，このプロセスが意外と時間がかかるのが実情である。

ナノポアシークエンス法では，長い DNA を精製してくることによってウルトラロングリードと呼ばれる非常に長い配列解読ができることが魅力である。そのような長い塩基配列は，以下で述べるゲノムアセンブルの際にガイドとなり，より正確なゲノム配列を得るために大きく寄与することが期待される。

2.4 ゲノムアセンブル

前章でも解説したように，ヒトの染色体で最大の 1 番染色体だと約 2 億 5,000 万塩基もあり，染色体 1 本のゲノム配列を端から端まで一度に解読する技術はいまだに確立されてはいない。そこで，数多くの断片配列をコンピュータ上でつなぎあわせていくことによって，染色体ごとのゲノム配列を構築しているのが現状である。そのつなぎあわせる作業のことをゲノムアセンブル（genome assemble）あるいはゲノムアセンブリ（genome assembly）と呼ぶ（**図 2-42**）。

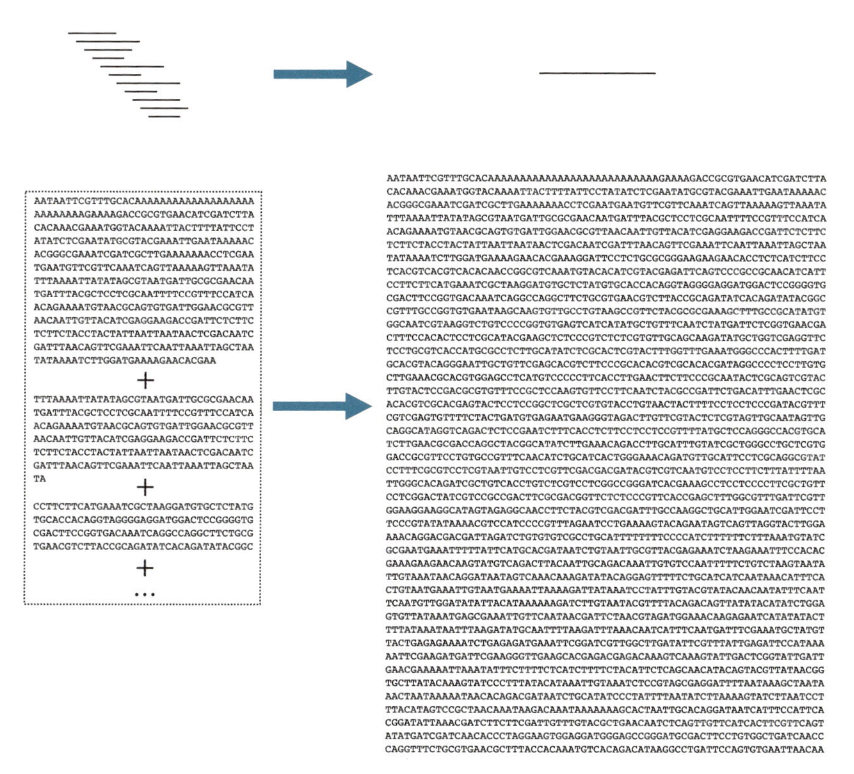

図 2-42　ゲノムアセンブルのイメージ

ゲノム DNA を染色体の端から端まで一度に解読することはできないので，断片配列を解読して，その結果をコンピュータ上でつなげていく。それがゲノムアセンブルである。

表 2-5　ゲノムのカバレッジの例

著者らの研究室で解読したゲノム配列を例に，そのカバレッジを示す。

生物種名	学名	解読手法	ゲノムサイズ（Mb）	総解読塩基数（Gb）	カバレッジ	論文
アカシソ	*Perilla frutescens*	PacBio HiFi	1,259	72.4	57.5	1
キンウワバトビコバチ	*Copidosoma floridanum*	PacBio HiFi	553	28.1	50.8	2
アワヨトウ	*Mythimna separata*	PacBio CCS＋ショートリード	682	127	187	3
アオノリ	*Ulva prolifera*	ONT＋ショートリード	104	17.2	166	4

1. Tamura K et al. *DNA Res*. 2023；30：dsac044. https://doi.org/10.1093/dnares/dsac044
2. Toga K et al. *G3*. 2024；14：jkae127. https://doi.org/10.1093/g3journal/jkae127
3. Yokoi K et al. *Insects*. 2022；13：1172. https://doi.org/10.3390/insects13121172
4. Tamura K, Bono H. *Microbiol Resour Announc*. 2022；11：e0043022. https://doi.org/10.1128/mra.00430-22

ゲノムのカバレッジ

ゲノムアセンブルによってゲノム配列を解読するには，図 2-42 に示すようにたくさんの「のりしろ」，重なり合う部分が必要となる。その結果，同じ箇所を何回も配列解読することになる。もちろん，さまざまな場所によってその「読む」回数は異なってくるのであるが，読まれた回数の平均値をカバレッジ（coverage）と呼び，

カバレッジ ＝ 総解読塩基数 / （推定）ゲノムサイズ

によって計算できる。例えば，著者ら bonohulab が解読したアカシソの場合だと総解読塩基数は 72.4 Gb で，推定ゲノムサイズが 1.26 Gb だったことから，72.4/1.26＝57.5×のカバレッジということになる（**表 2-5**；参考：田村啓太ら．実験医学．2023；Vol. 41 No. 9 https://doi.org/10.18958/7281-00002-0000489-00）。

ゲノムアセンブラ

11 種類のゲノムアセンブルをするプログラム（ゲノムアセンブラと呼ぶ）を比較した論文（Yu W et al. *Genome Res*. 2024；34：326–340. `https://doi.org/10.1101/gr.278232.123`）によれば，ゲノム配列解読で標準的になっている PacBio HiFi の場合，カバレッジで 20×～30×も読めばよいゲノムアセンブリが得られるというベンチマーク結果が発表されている。それらのゲノムアセンブルの結果を解読するうえで必要な指標についてまず説明する。

ゲノムをアセンブルすると理想的には染色体ごとに 1 本につながるはずであるが，そうはなっていない。ゲノムアセンブラによってできる限り配列をつないだ結果の配列群は，contig（コンティグ）と呼ばれる。それを別の情報を使ってさらにつなぐことによってより長く，その連続した配列（scaffold（スカフォールド））の数を少なくすることが可能である。ゲノムの品質を示す指標として以下の 2 つがある。

N50（エヌフィフティー）は，ゲノムアセンブリの品質を評価するための一般的な指標で，アセンブリの「連続性」を示すものである。具体的には，配列を長い順に並べて上から順に足していったときに，全体の長さの半分に達したときの配列の長さ（単位は bp）のことを N50 と呼ぶ。得られた配列の分布の中間くらいの長さを表しているので，長い配列が多いと N50 は大きくなり，逆に長い配列が少なく短い配列が大量にあると N50 は小さくなる。なお，N50 は scaffold と contig のそれぞれで計算可能である。

BUSCO（ブスコ）は，Benchmarking Universal Single-Copy Orthologs の略で，ゲノム配列がどれくらいの精度でできているかを調べるツールである。アセンブルされた配列の中に core gene set がどれだけ存在するかを調べることで評価される。100%に近いほどよりよいとされている。対象とする生物種に合わせて，適切な DB をリファレンスとして選んで実行する必要がある。

表 2-6 にこれらのゲノム品質に関して前述のゲノム解読のときに得られた数値を示す。

表 2-6　ゲノム品質の例

生物種名	学名	アセンブラ	scaffold 数	scaffold N50	contig 数	contig N50	BUSCO
アカシソ	*Perilla frutescens*	Hifiasm (v0.16.1)	71	63.3 M	94	41.5 M	99.5
キンウワバトビコバチ	*Copidosoma floridanum*	Hifiasm (v0.16.1)	NA	NA	149	17.9 M	97.9
アワヨトウ	*Mythimna separata*	Flye (v2.9-b1774)	NA	NA	569	2.75 M	98.8
アオノリ	*Ulva prolifera*	NECAT (v0.0.1)	142	4.1 M	143	4.1 M	80.5

NA：該当なし。

さまざまなゲノムアセンブラが開発されてきているが，2020 年代の現在，ゲノムサイズが数百 Mb を超える生物種でよくつかわれているのは Hifiasm である。Hifiasm だけですべて事足りるかというとそんなこともなく，数十〜数百 M 塩基の比較的小さなゲノムに対しては Flye がよりよかったという意見があるものの，うまくいかないようであれば，別のも試すことをして，その中からよりつながるゲノムアセンブラを選ぶような使い方をしているのが現状である。それはゲノムアセンブルがまだまだ開発途上の分野であり，決定版と呼ばれるようなプログラムがまだ確立されていないためである。

2020 年代に使われているゲノムアセンブラの重要な特徴は，二倍体ゲノム（diploid genome）のアセンブルができる（diploid aware）ようになったことである。かつてはゲノムを解読するためには，2 セットあるゲノムができるだけホモとなるような栽培種などを用いる必要があったのが，ヘテロなゲノムであっても解読できるようになった（2.2 節「ゲノム解読のためのサンプリング」を参照）。それに大きく貢献しているのが，次に説明する染色体上の近接情報である。

染色体上の近接の情報（Hi-C）

これまで紹介したショートリードもロングリードも，2020 年代現在では残念

図 2-43　カイコの繭

カイコの繭は 1 本の絹糸がサナギを取り巻く構造をとっており，解くと非常に長い絹糸が得られる。DNA 配列も似た構造をとっており，染色体ごとに非常に長い DNA 分子が折り畳まれた構造をとっている。© 2016 DBCLS TogoTV, CC-BY-4.0

ながら，生物がもつ染色体を端から端まで解読する技術とはなっていない。ヒトの染色体で最大のヒト 1 番染色体だと約 2 億 5 千万（250 M）bp もある非常に長い塩基配列を都合のよい長さに切り刻んで配列解読を行っている。それをコンピュータ上で 1 本につなげる操作（ゲノムアセンブル）を行って，仮想的に染色体ごとに 1 本としたゲノム配列を得ている。

真核生物では，ゲノムを構成する DNA 配列は染色体ごとに 1 本の DNA が折り畳まれ，タンパク質とともにクロマチンと呼ばれる構造をとっている。例えるなら，カイコガの繭（まゆ）のようになっている。カイコガの繭も 1 本の絹糸がサナギの周りを卵の殻のように取り巻くような構造をとっている（**図 2-43**）。

絹糸の上では遠く離れた場所にあっても立体構造上ではすぐ近くに存在している場合もあるのは容易に想像がつくだろう。染色体の構造もこの繭と同じようになっており，すぐ近くにある（近接した）DNA 配列の情報がまた別の実験手法で測定可能となっている。それが chromosome conformation capture のハイスループット版である Hi-C（ハイシー）（high-throughput chromosome conformation capture）である（**図 2-44**）。Hi-C はクロマチン構造上で近接した領域を配列解読によって見いだす手法である。

Hi-C は，もともとは染色体構造の研究において開発されてきた手法であったが，Hi-C によって得られる染色体上の立体的に近接した領域は，同一染色体上に

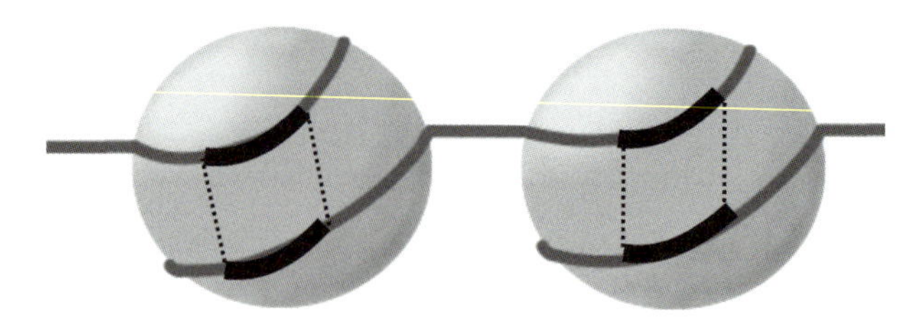

図 2-44　Hi-C の概念図

Hi-C は，図の濃くなった部分どうしのような，クロマチン構造上で近接した部分を化学処理によってくっつける（ライゲーション）ことによって，その領域を DNA 配列解読によって見いだす手法である。© 2016 DBCLS TogoTV, CC-BY-4.0

ある配列と考えられるということで，ゲノムアセンブルに有効な情報として用いられるようになってきた。ゲノムアセンブルにおいて必須というわけではないが，2020 年代のゲノム解読において，ゲノムサイズが数 G 塩基長を超えるような巨大なゲノムアセンブルでよく用いられている。

Hi-C のプロトコルは複数あるが，近接ライゲーションアッセイにおけるクロマチンの断片化にエンドヌクレアーゼを用いる Dovetail 社の Omni-C が，制限部位に依存することなくゲノム全体にわたって均一なカバレッジを得ることができるため，よく用いられている（https://www.digital-biology.co.jp/allianced/products/dovetail/）。

scaffold

scaffold（スカフォールド）の構築には RagTag（https://github.com/malonge/RagTag）がよく用いられている。RagTag は，ゲノムアセンブリを改善するためのソフトウェアツールの集合体で，ミスアセンブリの修正，アセンブリの補強とパッチング，scaffold の結合などが可能である。

T2T ゲノム

2022 年にヒトゲノムがテロメアからもう一方のテロメア（telomere-to-telomere，T2T と略される）まで一続きの塩基配列として解読されたことを受けて，染色体（chromosome）レベルからさらに進めてT2Tゲノムといういい方がされるようになっている。染色体の端から端まで1本につながったレベルのゲノム配列であることを指している。

ゲノム配列が解読できたら，つぎはその中にコードされた遺伝子の解析となる。

2.5 データの注釈づけ（アノテーション）

アノテーションとは日本語にすると注釈づけであり，イメージとしてはその場所にあるものが何かわからなくなるので，付箋を貼ってあとから誰が見てもわかるように説明を書き足すような感じである（**図2-45**）。ゲノム配列を解読し，ゲノムアセンブラによって長くつなげただけでは実際のゲノム配列データの利用には向かない。そのため，このアノテーションがとても重要となっている。

アノテーションには大きく分けて，ゲノムアノテーションと機能アノテーションがある。ゲノムアノテーションは，ゲノム配列データに対して遺伝子コード領

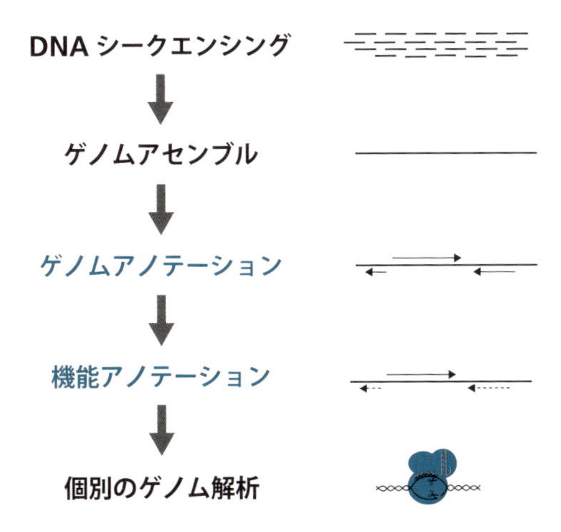

図2-45　アノテーション
アセンブルされたゲノムの中から遺伝子などを注釈づけし，さらにそれぞれに対して機能を付与するアノテーションのプロセスは，個別のゲノム解析の前段階として非常に重要である。

表 2-7　アノテーションのまとめ

種類	対象	アノテーションする内容
ゲノムアノテーション	ゲノム	遺伝子コード領域やゲノム中の特徴（例：トランスポゾンや CpG アイランドなど）
機能アノテーション	遺伝子	遺伝子名や機械可読なオントロジー（例：酵素番号や Gene Ontology など）

域や転写制御領域などを直接アノテーションすることである。一方，機能アノテーションは予測した遺伝子コード領域の遺伝子がどのような機能をもつかをアノテーションすることである。

この 2 種類のアノテーション（**表 2-7**）に関して，実際にはどのような処理を行うのかをそれぞれ詳細に紹介する。

ゲノムアノテーション

ゲノムアノテーションは，実験手法によって得た DNA 断片を参照ゲノム配列にマッピングすることで，そのゲノム上の座標とそれがどういう情報を付与するのかを記述する。ゲノムアノテーションのための手法として以下にあげるいくつかがある。

遺伝子コード領域のアノテーション

ゲノムアノテーションの中で一番イメージしやすいのは，遺伝子をコードしている領域をゲノム中でアノテーションするものである。これまでの，ヒトやそのモデルとして一番研究されてきたマウスでの知見をもってしても，2020 年代に至ってもコンピュータプログラムだけでは新規のゲノム配列からすべての遺伝子領域を予測することはできない（というか，そもそもすべての遺伝子がわかっている高等真核生物はいまだに存在していない！）。したがって，RNA として発現した分子を逆転写して cDNA として RNA-seq で解読し，それをゲノムにマッピングすることでゲノムアノテーションするのがいまだに一番の解法である。そのうえで，遺伝子予測によるアノテーションを追加するのが 2020 年代の定石となっている。

そのためのツールとしては，真核生物に対しては，BRAKER（https://github.com/Gaius-Augustus/BRAKER）という，新規ゲノム配列からタンパク質コード遺伝子の遺伝子構造予測を自動化するパイプラインがよく使われている。BRAKER3はそのバージョン3で，GeneMarkとAUGUSTUSという遺伝子予測プログラムを利用しているほか，RNA-Seqデータも使うことでその精度が上げられるようになっている。RNA-Seqデータとしては，従来のショートリードシークエンサーによるもののみならず，PacBioロングリードシークエンサーから得られるISO-Seqも使うことが可能である。

転写開始点のアノテーション

前述の遺伝子コード領域のアノテーションがしっかりしていれば，転写開始点（transcription start site：TSS）もおのずと決まるはずであるが，実際には1つの遺伝子に対して複数のTSSが存在することが知られている。それらを測定する実験手法が開発されており，CAGE（cap analysis of gene expression）が有名である。

CAGEは，mRNAの5′末端にあるキャップ構造を利用し，5′末端から約20塩基をタグとして切り出す技術で，NGSと組み合わせることにより非常に感度が高く精度のよい定量的なトランスクリプトーム解析手法となっている。この特性により，転写開始部位の高速同定とプロモーターや転写因子結合モチーフの推測が可能となる。また，各遺伝子の発現量をタグの数によって計測することも可能である。

染色体上の近接の情報（Hi-C）のアノテーション

前節ではゲノムアセンブルの際にHi-Cを使うと説明したが，実際には染色体上の近接の情報として使うのがもともとのHi-Cの使い方である。リファレンスゲノムにマッピングすることによって，どこが染色体上で立体的に近接していたかがHi-Cマップとして得られる（**図2-46**）。

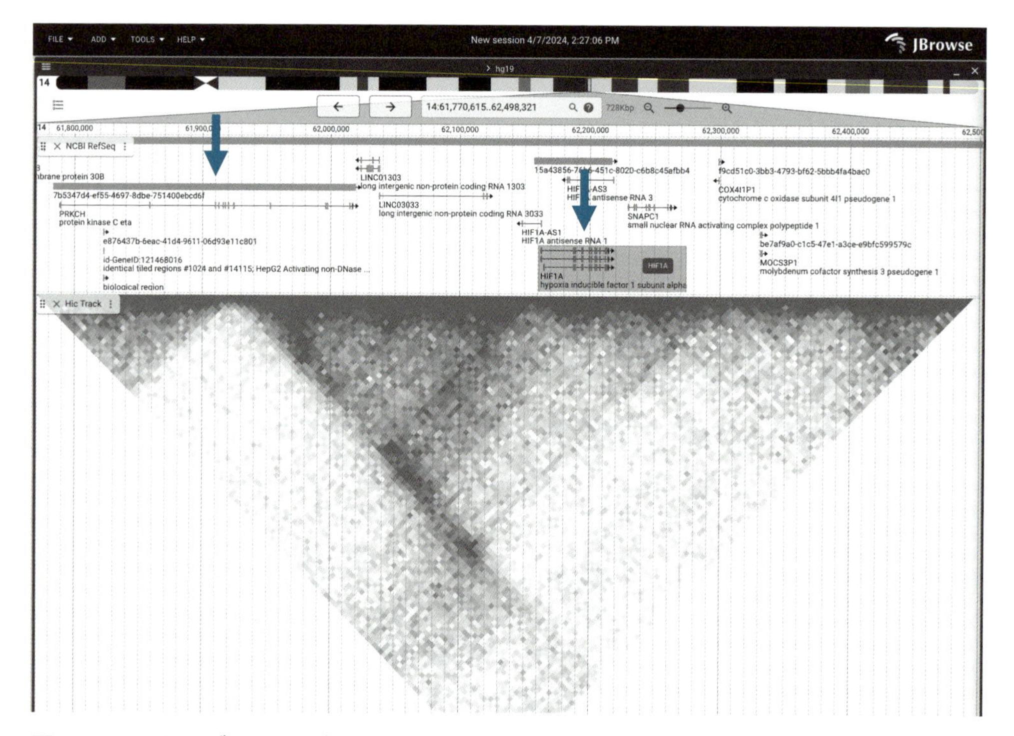

図 2-46　Hi–C データの可視化
ローカルインストール型ゲノムブラウザの JBrowse 2 を使って Hi–C のデータを可視化した例。各領域から右と左の斜め 45 度の対角線に近くの領域との結合の強さが表示されており，色が濃くなっているところがより染色体上で近接していたということを示している。この図では，*HIF1A* の領域（右の矢印が指す，グレーの四角で囲まれている部分）と左隣の *PRKCH* の領域（左の矢印）の中程にあるエクソン群をコードしている領域が染色体上で近接していたことを表す。JBrowse User guide の Hi–C track（`https://jbrowse.org/jb2/docs/user_guides/hic_track/`）にある設定例をもとに JBrowse 2 で可視化を作成した。

ChIP–seq と ATAC–seq によるアノテーション

また，ヒストンや転写因子が結合するゲノム領域の DNA 配列を NGS で配列解読する手法がある。この手法は ChIP–seq（chromatin immunoprecipitation sequencing）と呼ばれる。また，ATAC–seq（assay for transposase–accessible chromatin using sequencing）という手法では，オープンクロマチン領域と呼ばれるヌクレオソームのない領域を選択的に配列解読することによって，クロマチンへの近づきやすさをゲノム配列上にマッピングすることができる。これらの手法は Hi–C と同様に，染色体構造を調べるためにエピゲノム解析においてしばしば用いられている。

ゲノムアノテーションの可視化

ゲノムアノテーションを可視化するにはゲノムブラウザを利用する。インターネット上で利用できるゲノムブラウザとして，2.1 節「ゲノム配列の公共データベース」でも紹介した UCSC Genome Browser や Ensembl Genome Browser がある。ゲノムアセンブリが同一であれば，カスタムトラックとして，これらのゲノムブラウザ上に表示させることが可能である。そうでなかったとしても，自分のコンピュータでゲノムアノテーションを可視化することのできるローカルゲノムブラウザも複数開発されている。

- IGV（Integrative Genomics Viewer）── `https://igv.org`
- JBrowse ── `https://jbrowse.org/jb2/`

機能アノテーション

新規の生物の遺伝子コード領域を予測したら，まずはそれらの遺伝子のもつ機能を知りたくなるであろう。予測した中のある遺伝子 1 と同一遺伝子由来と考えられる別の生物の遺伝子 2 のことをホモログ（homolog）と呼び，遺伝子 1 は遺伝子 2 と配列相同性がある，という。ホモログどうしは遺伝子配列が似通っており（配列類似性が高く），その結果，似た機能をもつ場合が多い。そこで，以下のような推論が可能である。

遺伝子 1 は遺伝子 2 と配列相同性がある　＋　遺伝子 2 は機能 F をもつ
↓
遺伝子 1 は機能 F をもつ

この理屈を利用して遺伝子機能を予測しようという試みがなされてきた。

オーソログ割り当て

ホモログは前述のように機能推定に利用できるが，ホモログであっても別の機能となってしまっている場合もある。例えば，眼の水晶体を構成しているクリスタリンタンパク質の一種がアルデヒドデヒドロゲナーゼ（aldehyde dehydroge-

コラム

配列相同性と配列類似性

遺伝学においては，遺伝子が共通の祖先をもつと考えられるときに相同性という言葉を使う。配列相同性はそれに準じてタンパク質配列や塩基配列にそのような関係が想定されるときに使われ，相同性は「ある」か「ない」か，となる。それに対して配列類似性は，その 2 つの配列がどれぐらい似ているかをある測定方法（パーセント一致度など）にもとづいて判定するもので，類似の程度が数値で表されるものである。

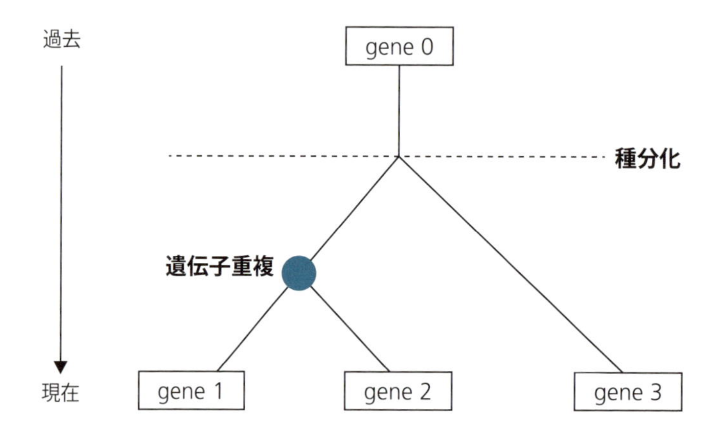

図 2-47　オーソログ
種分化によって生じた異なる生物に存在する相同な機能をもった gene 1 と gene 3 はオーソログと呼ばれる。また，種分化の後に遺伝子重複で生まれた gene 1 と gene 2 はパラログ（paralog）と呼ばれる。遺伝子の機能によっては gene 2 と gene 3 がオーソログとなることもありうる。

nase）としての働きも行うケープハネジネズミのη（イータ）クリスタリン（eta crystallin；PDB エントリ 1o9j）などがそれである（https://numon.pdbj.org/mom/127?L=ja）。

そこでホモログの中でも，進化の過程で種分化によって別々の生物の遺伝子となった相同な機能をもつ遺伝子として定義されるオーソログ（ortholog）に着目することが行われている（**図 2-47**）。つまり，オーソログであれば同じ機能をもつ可能性が高いので，その性質を利用して新規に解読された生物種の遺伝子と，リファレンスとする生物種のオーソログ関係を割り当てて，その類推を利用して機能予測を行うやり方がこのオーソログ割り当てである。

これまでは以下のような操作でこのオーソログ割り当てを行ってきた。ある生物種 1 の遺伝子 A を質問配列として，別の生物種 2 のすべての遺伝子に対して配列類似性検索したとき，生物種 2 において一番似ていた（ベストヒットした）のが遺伝子 P であったとする。このとき，逆に生物種 2 の遺伝子 P を質問配列として生物種 1 のすべての遺伝子に対して配列類似性検索を行い，遺伝子 A がベストヒットであった場合に，遺伝子 A と遺伝子 P はオーソログであると判定してきた。しかし，最近では染色体レベルのゲノム配列と近縁の生物種の遺伝子セットが利用可能なことから，単にベストヒットだけではなく，染色体上で遺伝子がコードされている並び順，すなわちシンテニー（syntheny）情報も考慮してオーソログを推定する方法が使われるようになってきている。

Gene Ontology（GO）

Gene Ontology（GO；遺伝子オントロジー）はもともとは真核生物（当初は，マウス，ショウジョウバエ，出芽酵母）の遺伝子を記述するために作られた統制語彙（controlled vocabulary）である。GO には，Biological Process（生物学的プロセス），Molecular Function（分子機能），Cellular Component（細胞内での場所）の 3 つのオントロジーがあり，この 3 つの観点から遺伝子の機能がアノテーションされている。

GO はもともと真核生物（しかもおもに動物）から始まったことから，それ以外の生物に関しては実態に則していない部分もあり，それぞれの分野ごとに各種オントロジーが作成されている（`https://obofoundry.org`）。そして，そのオントロジーを用いてそれぞれの遺伝子にアノテーションがなされている。なお，オントロジーとそのアノテーションは別物である。しばしばこれが混同されているので要注意である。

しかしながら，エネルギー代謝などのコアな部分に関しては各生物共通していることもあり，GO は非常によく使われているオントロジーとなっている。そこで，多くの生物において新規にゲノム解読された際には GO を使ってアノテーションすることが多い。

Fanflow

機能アノテーションを行うには，まずは遺伝子配列中のタンパク質コード配列（coding sequence を略して，しばしば CDS と呼ばれる）を予測し，それらのアミノ酸配列を得る。その予測タンパク質配列それぞれを用いて，別の生物種のタンパク質配列セットに対して配列相同性検索を行ったりすることになるのであるが，そのデータ解析手法に関してはこれといってお決まりのものがまだ確立されていない。そこで，著者らが使用している方法である functional annotation workflow（略して Fanflow）を紹介する（**図 2-48**）。

著者らが開発したワークフローである Fanflow では，まずトランスクリプトーム解析で得られた cDNA 配列を翻訳したタンパク質配列すべてに対して，配列類似性検索とタンパク質ドメイン検索を使って機能アノテーションする（図 2-48 の❶）。また，同時に得られた非コード RNA 配列に関しても配列類似性検索と RNA ドメイン検索を使ってアノテーションを試みる（図 2-48 の❷）。さらに，トランスクリプトーム解析で得られた発現レベルの情報を統合し，機能アノテーション情報として利用する（図 2-48 の❸）。このワークフローを用いて，アマミナナフシとカイコガのトランスクリプトームから得られた配列に対して機能アノテーションを行ったところ，従来の研究よりも豊富な機能アノテーション情報を得ることができた（Bono H et al. *Insects*. 2022；13：586. `https://doi.org/10.3390/insects13070586`）。開発したプログラム群はオープンソースソフトウェアとして GitHub 上で公開されている（`https://github.com/bonohu/SAQE`）。

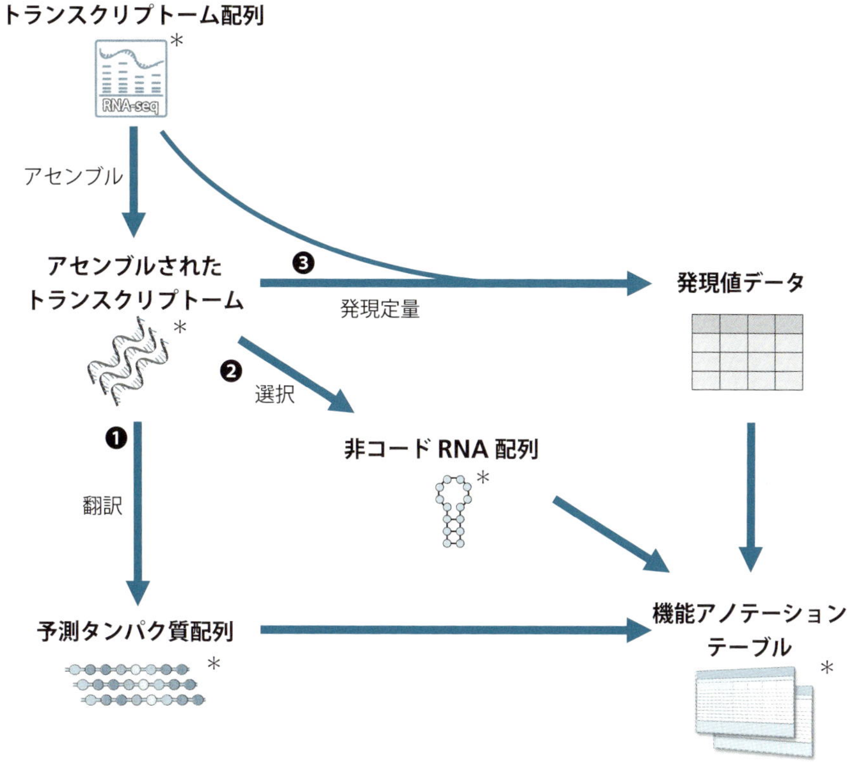

図 2-48　機能アノテーションワークフロー Fanflow

Fanflow では，トランスクリプトーム解析で得られた cDNA 配列を翻訳したタンパク質配列すべてだけでなく，得られた非コード配列に対しても配列解析と発現情報を使って機能アノテーションする。詳細は原著論文を参照してほしい（Bono H et al. *Insects*. 2022；13：586. `https://doi.org/10.3390/insects13070586`）。＊印の絵は ©2016 DBCLS TogoTV, CC-BY-4.0

2.6 データの解釈とその利用

解読されたゲノム配列情報とそれに対して多数つけられたアノテーション情報は活用されなければ意味がない。生物の完全なゲノム情報がわかるようになってから四半世紀経つ 2020 年代に至っても，その活用方法を編み出すだけでも研究となるような状況である。それらの中で有効な利用方法とされている応用に関して，本節で紹介する。

比較ゲノム解析

ただ 1 つの生物種のゲノム配列を見ているだけでは，そこから有用な情報を読み取ることはなかなか難しい。というのも，生物は自動車のようにあらかじめ人間が設計した図面があったうえでの構造物ではないからだ。そこで有効な手段として用いられているのは，比較ゲノム解析である。特に，近縁種や同じ種内の異なる個体の比較による差分解析が有効となっている。

例えば，病原性の大腸菌 O157 と病原性のない大腸菌の比較を例に考えてみよう。この 2 種類のゲノム配列を比べて，その差分こそが病原性に関与しているということがわかるだろう。**図 2-49** はそのような解析の一例で，アカシソとアオシソのゲノム配列を比較，可視化したものである。

このような比較ゲノム解析が今後増えていくに違いない。

エンリッチメント解析

2020 年代によく使われているデータ解析手法としてエンリッチメント解析がある。この手法はおもにトランスクリプトーム比較解析に用いられているが，その考え方自体は他のデータ解析にも応用可能な手法である（**図 2-50**）。

例として特定の名字の人が日本の 47 都道府県でどこに多いかという県別解析の例でエンリッチメント解析を考えてみよう。東京都や大阪府は人口も多いた

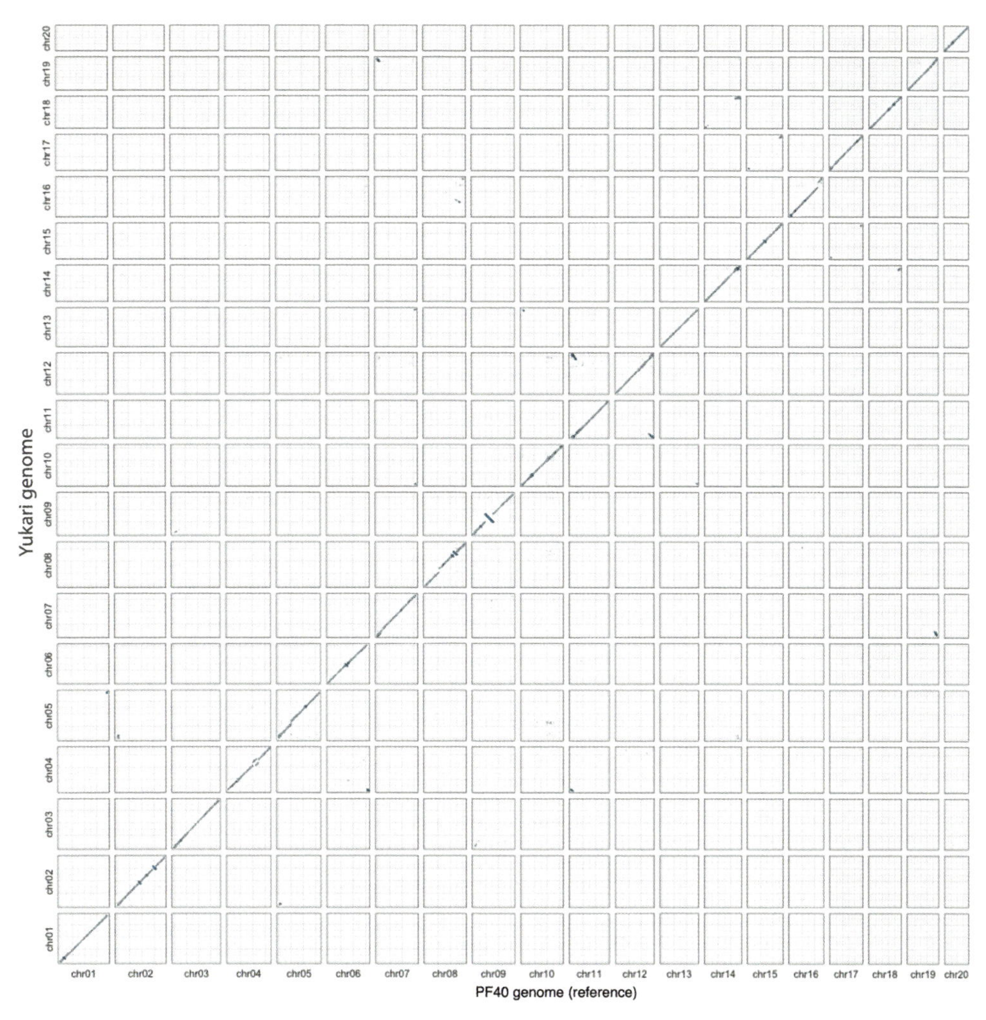

図 2-49　シソのゲノム比較

縦方向がアカシソ（Yukari genome；Tamura K et al. *DNA Res*. 2023；30：dsac044. https://doi.org/10.1093/dnares/dsac044），横方向がリファレンスとした中国のグループが決定したアオシソ PF40 のゲノム（Zhang Y, et al. *Nat Commun*. 2021；12：5508. https://doi.org/10.1038/s41467-021-25681-6）を散布図（ドットプロット）として可視化した。両種はゲノム構造がおおむね同じため，左下から右上に斜めの線として可視化されているが，chr09 などにいくつか逆位などが見られる。

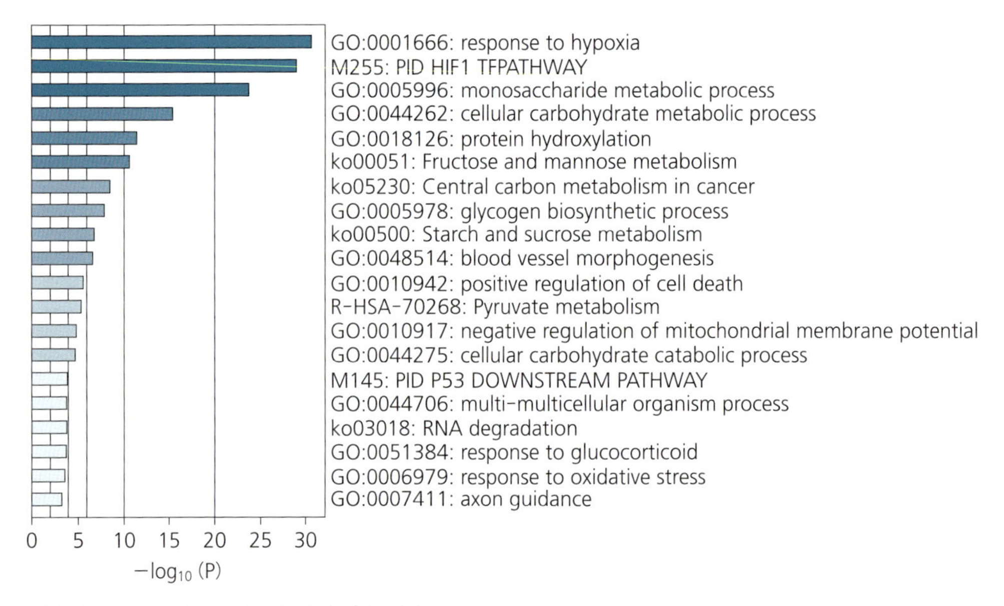

図 2-50　エンリッチメント解析の例

低酸素刺激によるトランスクリプトームのメタ解析による解析から発現上昇が大きいとされた 100 個の遺伝子のエンリッチメント解析。低酸素関係（response to hypoxia と HIF1 TFPATHWAY）とアノテーションされた遺伝子群のほか，低酸素刺激の際にすでに知られている単糖や炭化水素の代謝に関わる遺伝子群の発現上昇も他と比べて顕著であることが読みとれる。

め，多くの人がそれらの都道府県で見られたとしても有意とはいえない。そこで人口で正規化してその割合で評価する必要がある。ちなみにこの名字のエンリッチメント解析は以下のウェブサイトから簡単に行うことができる。https://myoji-yurai.net

本題の生命科学分野のエンリッチメント解析では，異なる条件のもとで発現に差のある遺伝子にはどのような機能アノテーションがつけられているのかが調べられる。例えば，病気にかかった場合とそうでない場合のトランスクリプトームを比べた場合に遺伝子発現量に差がある遺伝子群に対してエンリッチメント解析が用いられる。その際に重要となってくるのは，差があったとみなす閾値の設定であるが，これはいろいろと試して設定するしかない。そのようにして得た遺伝子リストを入力することで気軽にエンリッチメント解析できるツールが多数開発されている。**表 2-8** に示した，ウェブブラウザ上で利用可能なツールがよく使わ

表 2-8　よく利用されるエンリッチメント解析ウェブツール

ウェブツール名	URL	使い方動画（統合 TV）
Metascape	https://metascape.org/	https://doi.org/10.7875/togotv.2024.061
ShinyGO	http://bioinformatics.sdstate.edu/go/	https://doi.org/10.7875/togotv.2023.084
Enrichr	https://maayanlab.cloud/Enrichr/	https://doi.org/10.7875/togotv.2018.169

れている。

これらのツールはおもにヒトやマウス，その他のモデル生物種が対象となっている。対象となっていない生物種（非モデル生物種）においてエンリッチメント解析するには，機能アノテーション，特に Gene Ontology（GO）などのアノテーションが利用可能かどうかが非常に重要である。どういった遺伝子であるかが，人間が文字を読んで初めて理解できる機能アノテーションだけではなく，統制語彙（controlled vocabulary）と呼ばれる機械可読な機能アノテーションがきっちりとつけられていないとエンリッチメント解析は使えない。

ゲノム編集

ゲノム解読して得たゲノム配列とそのアノテーション情報の使い道は学術的研究だけにとどまらない。産業的な利用が多方面で可能である。その 1 つとして期待されているのがゲノム編集である。

ここではまず，そのゲノム編集とは何かを概説する。そして，日本ではすでに上市されているゲノム編集食品に関して，それらがどういう遺伝子をターゲットとしてどのような改変をしているのか，その実例を紹介する。最後にどうやってゲノム編集ターゲット遺伝子を選定し，それにどのような変異を導入してデザイ

表2-9　ゲノム編集技術の分類

ゲノム編集技術はSDN（site-directed nuclease）によって分類分けされる。SDN-1においては自然界で起きる変異と何ら変わらない。

レベル	説明
SDN-1	目的の塩基配列を切断し，修復するだけの技術
SDN-2	目的の塩基配列を切断し，塩基配列の一部を変えたDNA（もしくはRNA）断片を導入する技術
SDN-3	目的の塩基配列を切断し，外来遺伝子を組み込んだDNA断片を導入する技術

ンしていくのかを紹介する。

ゲノム編集とは

ゲノム編集とは，生物がもつゲノムDNA配列をねらって変化させる技術である。ハサミの役割をするヌクレアーゼがDNAの二本鎖を切断し，それを生物が元来もつ仕組みで修復する際に起きるエラーを利用してゲノム配列自体を改変してしまう技術である。

ゲノム編集技術は**表2-9**に示したように分類がなされており，やり方によっては外来DNAの導入も可能であるが，以下の表2-10で説明する実用化されているゲノム編集食品はすべて遺伝子ノックアウトによるもので，自然界で起きる変異を人工的にねらった場所で起こすものである。

ゲノム編集と遺伝子組換えを比較すると，ゲノム編集は，ゲノム上の特定の位置に特定の変異を起こすことが目的である一方，遺伝子組換えは，ある遺伝子を別の生物のゲノムに導入することで，その生物に新しい性質を付与することが目的という違いがある。

実際にゲノム編集を行うゲノム編集ツールとしては，CRISPR-Cas9（CRISPRはClustered Regularly Interspaced Short Palindromic Repeats，Cas9はCRISPR-associated protein 9の略）が広く使われているが，そのライセンスが

2020年代になっても特許係争中で，商業利用に関しては難しい状況である。CRISPR–Cas9以前から使われてきたTALEN（Transcription Activator–Like Effector Nuclease）やZFN（Zinc Finger Nuclease）はオフターゲット［注：本来意図したところとは別の部分のゲノムが改変されること］が起こりにくいなどの理由でまだまだ使われており，特にZFNは特許が切れていることから注目されている。詳細は『ゲノム編集のすべてが分かる！バイオステーション』（https://bio-sta.jp/faq/）や山本卓著『ゲノム編集とはなにか』（講談社，2020年）などを参照してほしい。

これまでのゲノム編集生物の実例

日本ではすでにゲノム編集食品が上市されている（**表2-10**）。ここではどういった遺伝子をどのように改変しているのか，その実例を紹介する。

表2-10にある生物以外にも，動物での事例で実用化が期待されているのが，アレルゲン低減卵を産むニワトリである。卵アレルギーの原因タンパク質のうち，熱処理によっても除ききれないオボムコイドタンパク質をコードするオボムコイド遺伝子を改変し，ノックアウトすることによって実現している。卵アレルギーをもつ人も，これまで使うことのできなかったワクチンの利用や卵製品の摂取が可能となり，大きなメリットがあると考えられている。

植物においては，ジャガイモに含まれる天然毒素のソラニンの生成を減らしたゲノム編集ジャガイモ（ステロイドグリコアルカロイド低生産性バレイショ）が試験栽培されるなど，ゲノム編集技術の利用は進んでいる。

ゲノム編集ターゲットデザイン

前述のゲノム編集のターゲットは，これまでの長年の研究からその遺伝子をノックアウトすると抑制されていた機能が回復したり，アレルギーの原因となっているタンパク質を合成できなくしたりすることがわかっていた遺伝子であった。今後は，大規模なゲノム解析やこれまでに公共DBに蓄積されたデータからそのような遺伝子を見つけていく必要がある。どのようにして新たなゲノム編集

表 2-10　農林水産省に情報提供書が提出された農林水産物

https://www.maff.go.jp/j/syouan/nouan/carta/tetuduki/nbt_tetuzuki.html より抜粋。ゲノム編集技術で改変する前の品種・系統が異なる場合は別生物として掲載。公表された場合に特定の者に不当な利益または不利益をもたらすおそれのある情報は除かれている。

生物の名称	情報提供者	情報提供日	使用開始年月	販売開始予定年月
GABA 高蓄積トマト（#87-17）	サナテックライフサイエンス株式会社	2020年12月11日	2020年12月	2021年4月
可食部増量マダイ（E189-E90 系統）	リージョナルフィッシュ株式会社	2021年9月17日	2021年9月	2021年10月
可食部増量マダイ（E361-E90 系統，従来品種-B224 系統）*1	リージョナルフィッシュ株式会社	2022年12月6日	2022年12月	2023年1月
高成長トラフグ（4D-4D 系統）	リージョナルフィッシュ株式会社	2021年10月29日	2021年10月	2021年11月
高成長トラフグ（従来系統-4D 系統）*2	リージョナルフィッシュ株式会社	2022年12月6日	2022年12月	2023年1月
PH1V69 CRISPR-Cas9 ワキシートウモロコシ	コルテバ・アグリサイエンス日本株式会社	2023年3月20日	未定	未定
GABA 高蓄積トマト（#206-4）	サナテックライフサイエンス株式会社	2023年7月27日	未定	未定
高成長ヒラメ（8D 系統）	リージョナルフィッシュ株式会社	2023年12月25日	2023年12月	2024年4月

*1 2021年9月17日に情報提供を受けた系統の追加系統。
*2 2021年10月29日に情報提供を受けた系統の追加系統。

ターゲット遺伝子を選定していくのか，その手立てを紹介する。

大規模なゲノム解析結果の利用

ヒトにおいては，多数の人々のゲノム情報を集めることによって，ヒトゲノム中に散在する遺伝子変異（おもに一塩基多型）と形質情報（特定の疾患や体質の特徴，例えば，がんのかかりやすさや，アルコールに強い・弱いなど）の関連性を調べる遺伝統計解析手法であるゲノムワイド関連解析（genome wide association study：GWAS（ジーバス））が盛んに行われている。その結果はGWAS Catalog（https://www.ebi.ac.uk/gwas/）としてDB化されており，誰でも自由に無償でアクセスすることができる。

統合TVの動画：GWAS Catalogを使ってGWASで見つかった形質と多型の関連について検索する
https://doi.org/10.7875/togotv.2021.015

AlphaMissenseは，Google DeepMindが開発した，遺伝子変異の有害性を予測するAIツールである（参考：Cheng J et al. *Science*. 2023；381：eadg7492. https://doi.org/10.1126/science.adg7492）。具体的には，ミスセンス変異（DNAの塩基配列が置換することで，アミノ酸配列が変化して異常なタンパク質が作られてしまう変異）を分析し，それが病気の原因になる可能性を予測する。ヒトゲノムにおいて発生しうる約7,100万種類のミスセンス変異の89%を分類することが可能とされている。タンパク質構造計算AIであるAlphaFoldにもとづいて設計されており，何百万ものタンパク質配列でトレーニングされた「タンパク質言語モデル」と呼ばれるニューラルネットワークが組み込まれている。AlphaMissenseの予測結果は公開されており，これにより科学者たちは遺伝性疾患の原因を特定するのに役立つ情報を得ることができる。ただし，このAlphaMissenseなどのAIツールを使用する際には，その結果を適切に評価し，慎重に扱うことが重要である。

公共トランスクリプトームデータの利用

ゲノム配列と比べてトランスクリプトームデータは各生物で唯一ではなく，発生ステージや組織などで変動する。例えば，熱ストレスによって変動する遺伝子群といっても研究グループによってまったく同一というわけではなく，それぞれに違いがある。その違いは，実験条件や環境の違い，あるいはデータ解析手法の違いなどに起因する。前者はどうしようもないが，後者はデータ解析手法を統一して解析（メタ解析）することでそろえることが可能である。

コラム

AlphaFold

AlphaFold は，AlphaMissense と同様，Google DeepMind が開発した AI ツールで，アミノ酸配列からそのタンパク質の立体構造を高い精度で予測することが可能である。そのバージョン 1 の AlphaFold 1 を用いて 2018 年 12 月に開催された「第 13 回タンパク質構造予測精密評価（CASP）」の総合ランキングで 1 位を獲得した。2020 年 11 月の CASP コンテストにおいて，そのバージョン 2 の AlphaFold 2 によって他のどのグループよりもはるかに高い精度を達成した。2021 年 7 月にはソースコードが GitHub 上で無償公開され，誰でも利用することが可能になった。AlphaFold 2 によって予測された 2 億以上ものタンパク質構造が，AlphaFold Protein Structure Database（`https://alphafold.ebi.ac.uk/`）で公開されている。また，タンパク質配列の DB である Uniprot に登録されているタンパク質であれば自分で AlphaFold2 を動かすことなく前もって予測された構造を閲覧することが可能である。なお，2024 年のノーベル化学賞は AlphaFold AI の開発に贈られた。

そこで，各種ストレス刺激のトランスクリプトームに関して，公共 DB からのメタ解析が試みられている（**表 2-11**）。その際に発現変動があったと判断された遺伝子群に対して，前述のエンリッチメント解析が用いられる。その結果として発現変動が多くの実験で認められるような遺伝子は，そのストレス刺激に関係する遺伝子と考えられ，ゲノム編集のターゲットの候補として利用できる。

表 2-11　著者の研究室で行ってきた公共トランスクリプトームデータのメタ解析

対象	ストレス	論文 DOI
ヒト	低酸素	10.3390/biomedicines9050582 10.26508/lsa.202201518
ヒト，マウス	酸化ストレス	10.3390/biomedicines9121830
ショウジョウバエ，線虫	酸化ストレス	10.3390/antiox10030345
シロイヌナズナ，イネ	低酸素	10.3390/life12071079
昆虫	混み合いストレス	10.3390/insects13100864
昆虫	社会性 （女王vs. ワーカー）	10.3390/ijms24098353
ヒト，マウス	熱ストレス	10.3390/ijms241713444
シロイヌナズナ	非生物的ストレス	10.3389/fpls.2024.1343787
魚類	性差	10.1111/gtc.13166

文献データの利用

医学生物学系の論文は，PubMed に文献データとして格納されている。論文全文の文献データは PubMed Central（PMC）に DB 化されている。2024 年 4 月末の本書執筆時点でそれぞれ PubMed に 3,713 万件，PMC に 988 万件登録されている。これらのデータ，つまり書誌情報（bibliography）のすべて（-ome）から解析する手法がビブリオーム（bibliome）解析である。例えば，**表 2-12** に示した例は，ビブリオーム解析によって PubMed に出てくる生物種を多い順に並べたものである。

また別の例として，ビブリオーム解析による新規低酸素応答性遺伝子の探索がある（**図 2-51**）。*HIF1A* 遺伝子との共起が少なく，また文献数の少ない左下の方の 4 つの遺伝子（*GPR146*，*PPP1R3G*，*TMEM74B*，*PRSS53*）が新規低酸素応答性遺伝子として明らかとなった。

表 2-12　ビブリオーム解析の例

`https://ftp.ncbi.nlm.nih.gov/gene/DATA/gene2pubmed.gz` よりファイル `gene2pubmed.gz` を取得し，以下のコマンド群によって PubMed 出現数の多い生物種を抽出した結果。

```
% gzip-cd gene2pubmed.gz|cut-f1|uniq-c|sort-rn-k1
```

なお以下の統計は，2023年12月31日現在のデータにもとづくものである。

出現数	Taxonomy ID	種名	学名
2,029,187	9606	ヒト	*Homo sapiens*
1,414,036	10090	マウス	*Mus musculus*
821,398	7227	ショウジョウバエ	*Drosophila melanogaster*
375,600	559292	出芽酵母	*Saccharomyces cerevisiae S288C*
327,645	10116	ラット	*Rattus norvegicus*
240,288	7955	ゼブラフィッシュ	*Danio rerio*
153,888	4565	パンコムギ	*Triticum aestivum*
133,109	6239	線虫	*Caenorhabditis elegans*
131,146	3702	シロイヌナズナ	*Arabidopsis thaliana*
125,199	90675	カメリナ	*Camelina sativa*
111,721	511145	大腸菌	*Escherichia coli* str. K-12 substr. MG1655
101,306	4577	トウモロコシ	*Zea mays*

経路データの利用

エンリッチメント解析の対象DBとして，Gene Ontology以外にKEGGやReactomeなどの経路DBがよく用いられている。その使われ方は，特定の経路（例えば，解糖経路やコレステロール合成経路）において使われている酵素をコードする遺伝子群の情報をもとに，それらのみの発現変動を集合的に使って前述のエンリッチメント解析をするやり方である。しかしながら，経路データは発現変動があった遺伝子が経路中のどの場所にあったか，という情報が重要であり，遺伝子が特定の経路中に出てくるか否かという情報の使い方ではもったいない。エンリッチメント解析で興味ある経路が見つかったら，その経路図（経路ダイアグラムと呼ぶ）中でその経路のどこに遺伝子がマップされていたのかを見るべきである。

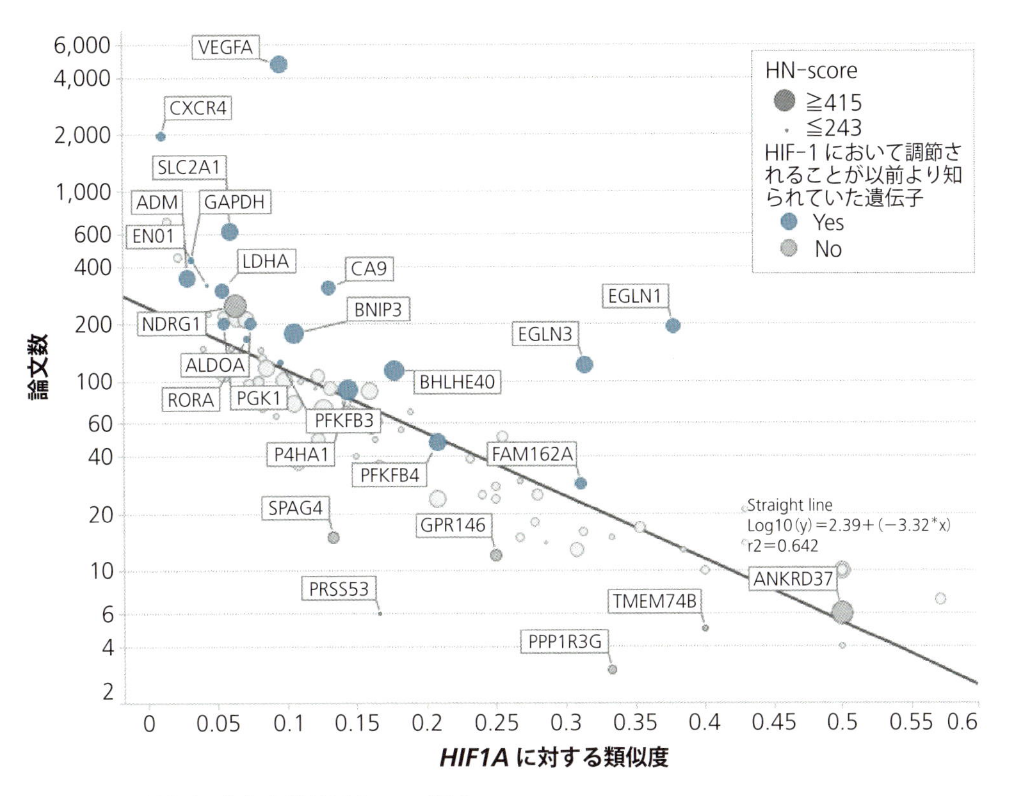

図 2-51　新規低酸素応答性遺伝子の探索

前述の公共トランスクリプトームデータのメタ解析の結果得られた低酸素刺激によって発現が上昇する100個の遺伝子群に対して，そのPubMed収録論文数と，HIF-1転写因子の*HIF1A*遺伝子が同一の文献に含まれる割合を指標とした類似度（シンプソン係数）を散布図として可視化した（参考：Ono Y, Bono H. *Biomedicines*. 2021；9：582. `https://doi.org/10.3390/biomedicines9050582`）。

また，前述の経路DBにデータベース化されていない経路も多数存在している。その経路ダイアグラムがすでにオープンアクセスでPMCに掲載されている場合には，Pathway Figure OCR（PFOCR；`https://pfocr.wikipathways.org`）に登録されているだろう。PFOCRは，発表された文献から経路情報を抽出し，誰でも自由に利用できるようにすることを目的としたオープンサイエンス・プロジェクトである。そのPFOCRの経路データを使ったエンリッチメント解析ツールも開発され，公開されている（`https://github.com/gladstone-institutes/Interactive-Enrichment-Analysis`）。

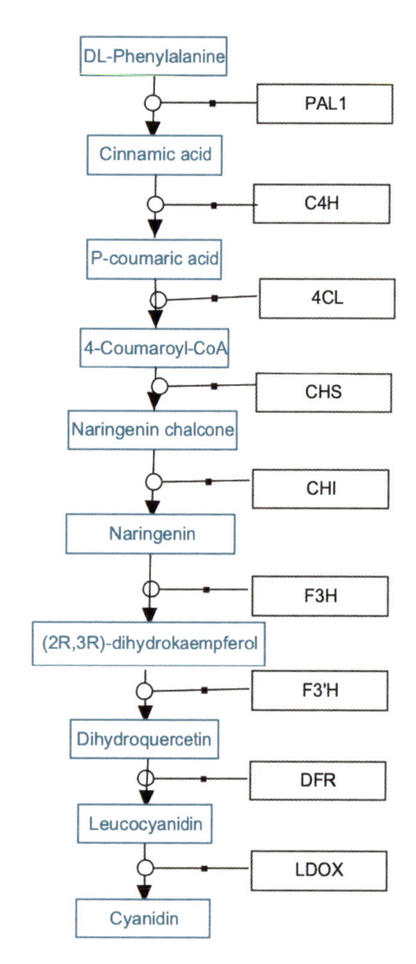

図 2-52　WikiPathwaysによるカスタム経路ダイアグラムの例

WikiPathwaysのダイアグラム描画ツールであるPathVisioを使って著者が作ってみた「代表的なアントシアニン合成経路」。https://www.wikipathways.org/pathways/WP5391.html で公開されている。

その結果，ターゲットの経路がわかってきたら，独自に既存の経路ダイアグラムに追加して遺伝子を配置したりすることでカスタム経路ダイアグラムを作成し，それに属する遺伝子群の発現プロファイルを個別に見るべきである。この目的には，Wikipediaのように経路データを共有できるWikiPathways（https://www.wikipathways.org）のシステムが活用できる。**図 2-52**はWikiPathwaysのダイアグラム描画ツールであるPathVisioを使って著者が作ってみた「代表的なアントシアニン合成経路」である。自分で作成した新たな経路ダイアグラムを公開しておくと，公的なウェブツールが利用可能となり，それを使ったさまざまなデータ解析が実行可能となる。

3 これからのゲノム解析

この章では，これから進められていくであろうゲノム解析について概説する。ここの内容に関しては2024年4月現在の情報であり，急速な開発が進められている分野だけに読者の皆さんが目にする頃にはすでに「現在のゲノム解析」となっている可能性も高い。最新の情報を確認しつつ，読み進めて欲しい。

3.1 新たな次世代シークエンサー

これまでIllumina社がsequence by synthesis（SBS）法の特許によってショートリードシークエンサー市場をほぼ独占してきた。その特許が切れたこともあって，SBSを改変した新たなDNA配列解読手法が開発され，2024年現在，市場に出回ろうとしている（**図3-1**）。

AVITI

Element Biosciences社が販売している新たなショートリードDNAシークエンサーがAVITI（アヴィティ）である（https://www.elementbiosciences.com/products/aviti）。sequence by avidity法という手法でシークエンス反応は行われる。

sequence by avidity法について示した動画がYoutubeで閲覧可能
https://youtu.be/b_cC5wi2OYg

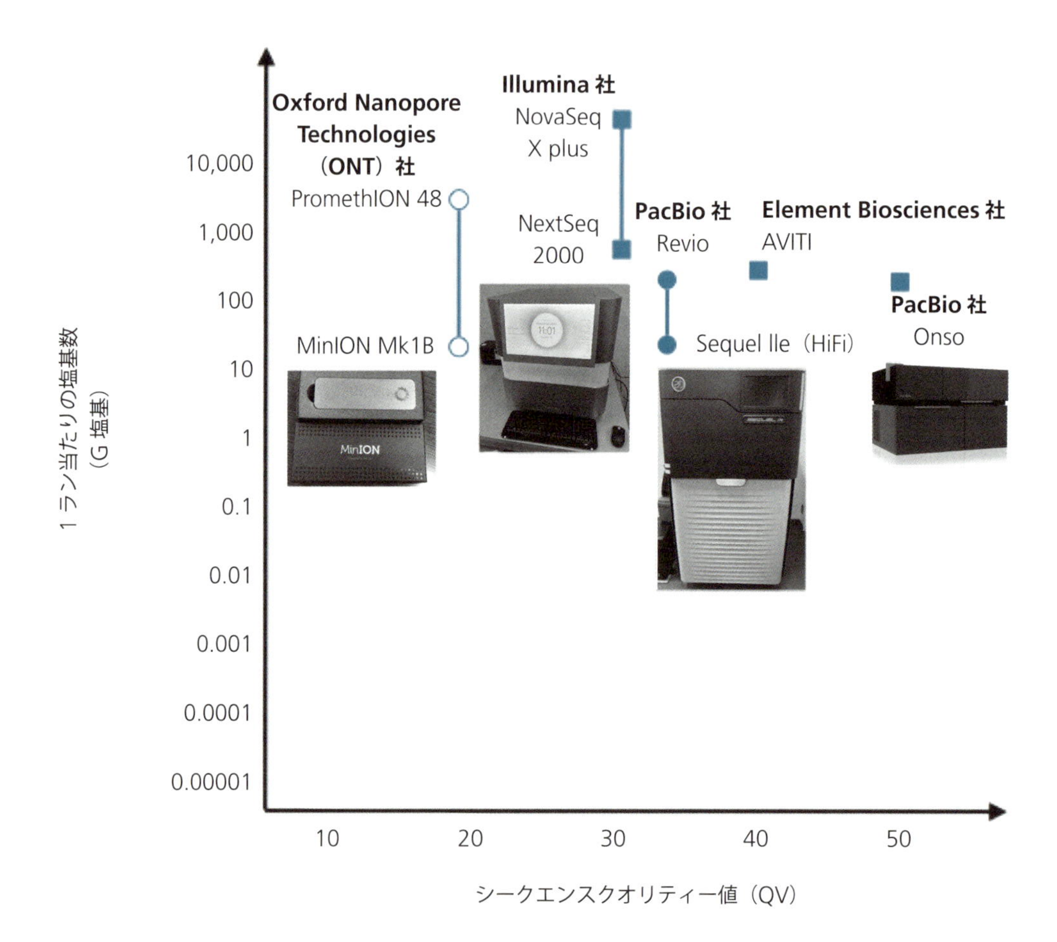

図3-1　新たな次世代シークエンサーのスペック

新たな次世代シークエンサーにおいては，縦軸に示した1ラン当たりの解読塩基数よりも，横軸に示したそのシークエンスクオリティー値（quality value：QV）が注目されている。よりQVが高くエラーが少ないシークエンサーの開発が進んでいる。ONSOのイメージ写真は以下のURLより取得した。
トミーデジタルバイオロジー株式会社のwebサイト https://www.digital-biology.co.jp/allianced/products/pacbio/onso/

Illumina社のNextSeq 2000と比較して安いということを売りにしている。また，解読した配列の約96%がQ30（1,000塩基に1つのエラー率），約85%がQ40（10,000塩基に1つのエラー率）とシークエンスクオリティーが高いことも特長としている（参考：Arslan S et al. *Nat Biotechnol*. 2024；42：132–138. https://doi.org/10.1038/s41587-023-01750-7）。

2024年4月には日本の代理店も発表され，今後の行方が注目されるシークエンサーである。

ONSO

ONSO（オンソ）は，PacBio社によるショートリードDNAシークエンサーである。これまでロングリードシークエンサーをずっと開発してきたPacBio社が初めて発売したショートリードシークエンサーということで注目されている。SBSを改良したsequence by binding（SBB）技術が特徴で，よりダメージのない塩基の解析が可能となる，としている（**図3-2**）

sequence by binding（SBB）技術について示した動画が Youtube で閲覧可能

https://youtu.be/i_mSaNBOVmQ

1回のシークエンスランにおいて，400～500 Mリード，300サイクル（150塩基のペアエンドリード）が可能とされている。また，90%以上の塩基でQ40以上であり，SBBはより低い頻度の変異を検出するのに有効とされている。ホモポリマーの配列解読でSBSよりも堅牢であり，27 bpのポリ(A)領域でも連続する塩基の数を正確に配列解読できたというデータがPacBio社から出されている。さらに，すでに導入された研究所からも，Q50の精度が出ているというデータがSNS上に公開されている（https://twitter.com/PacBio/status/1755288227588772236）。

Platinum

Platinum（プラチナム）は，Quantum-Si社による次世代タンパク質シークエンサーである。

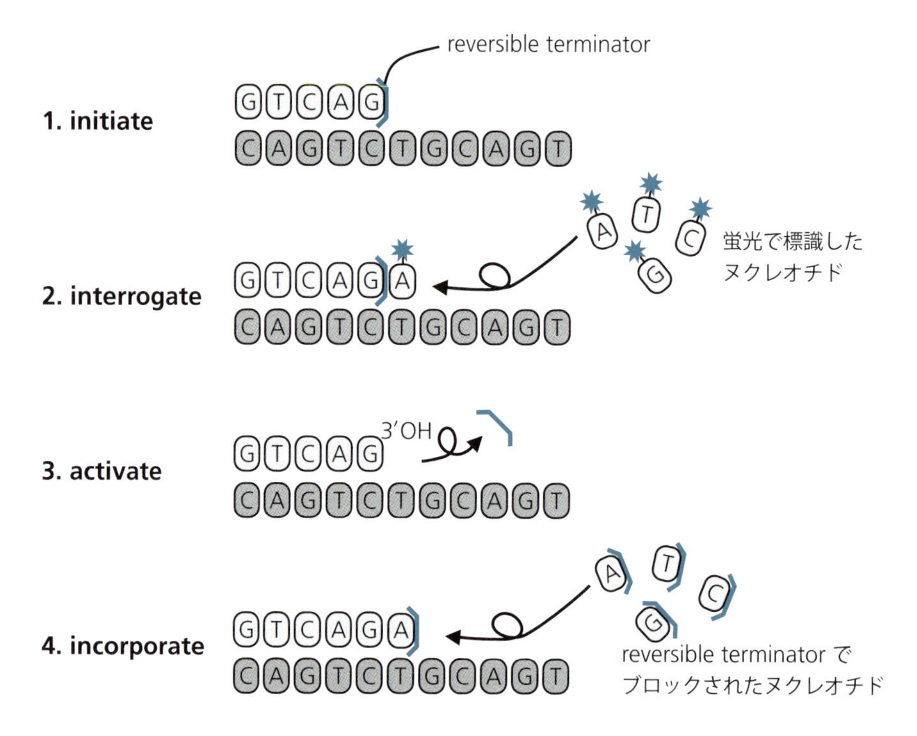

図 3-2　sequence by binding（SBB）
蛍光標識された分子は解読に必要な信号を送った（interrogate）あと，とりはずされて新たに別の分子が取り込まれて（incorporate），DNA の伸長反応が進んでいくことで高いシークエンスクオリティー値（QV）が実現されている。https://www.pacb.com/wp-content/uploads/SBB-Product-note.pdf をもとに作成。

日本では 2024 年 4 月からトミーデジタルバイオロジー社が販売を開始した（https://www.digital-biology.co.jp/allianced/products/platinum/）。

これは，“Real-time dynamic single-molecule protein sequencing on an integrated semiconductor device” と題して 2022 年に *Science* に発表された論文（Reed BD et al. *Science*. 2022；378：186-192. https://doi.org/10.1126/science.abo7651）をもとに商品化されたタンパク質シークエンサーである（**図 3-3**）。

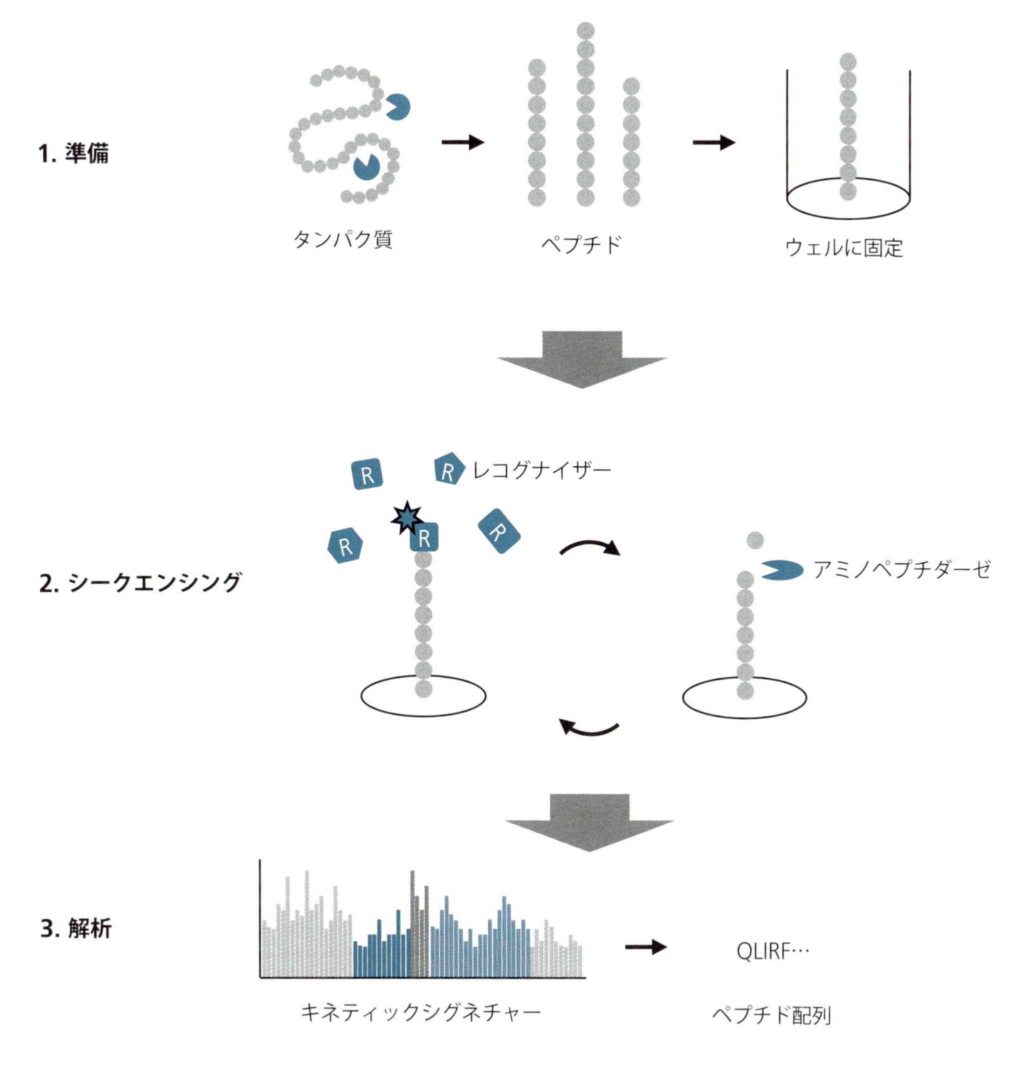

図 3-3　Platinum によるタンパク質配列シークエンス解析
詳細は本文参照。https://www.digital-biology.co.jp/allianced/products/platinum/ と Youtube 動画 https://youtu.be/8X9gyrkYAfw をもとに作成。

タンパク質シークエンス解析のおもなステップは以下のとおりである。

1. **準備**：単一分子シークエンシングのためにタンパク質を調製する。独自のキットにより，タンパク質のシステイン（Cys）アミノ酸残基間のジスルフィド結合を還元して切断し，Cys 側鎖の露出したチオール（SH）基をアルキル化する。さらに，リシン（Lys）のカルボキシ基側のペプチド結合を特異的に切断するエンドペプチダーゼ Lys-C によってタンパク質を消化（Lys のところで切断）し，C 末端に Lys 残基をもつペプチドを作製する。さらに，Lys を化学処理してリンカー配列に結合させる。このリンカー配列によってペプチドはシークエンシングチップの底部に固定化される。

2. **シークエンシング**：N 末端アミノ酸を認識するレコグナイザーとアミノペプチダーゼをシークエンシングチップに加える。レコグナイザーは特定のアミノ酸に結合する酵素に蛍光標識したもので，2024 年 4 月現在で 6 種類あり，全 20 アミノ酸のうち 12 アミノ酸を認識する。シークエンシングチップに固定化されたペプチドの N 末端のアミノ酸にレコグナイザーが結合し，結合動態にもとづいて蛍光シグナルを放出する。アミノペプチダーゼは，N 末端からペプチド結合を切断していく酵素でハサミの役割を果たし，それぞれのペプチドの N 末端アミノ酸を切断し，レコグナイザーに次の N 末端アミノ酸を認識させる。
3. **解析**：レコグナイザーとアミノ酸の結合イベントから得られる時系列の蛍光シグナルパターンからアミノ酸を特定可能なキネティックシグネチャーを得ることができる。キネティックシグネチャー（結合動態と蛍光寿命）と蛍光強度からアミノ酸の種類が決まり，ペプチドの配列が決定される。あらかじめデータとしてもっているリファレンスのアミノ酸配列セットにアラインメントすることで，情報が欠けている部分の配列が補われる。

現時点では全 20 アミノ酸すべてに対してはレコグナイザーがないことや，そのためもあってリファレンスとするアミノ酸配列セットがないと解析できないなど制限も多い。しかしながら，質量分析でしかなされてこなかったタンパク質のアミノ酸配列解読を新しい技術の利用により実現している例として注目されている。

また，オックスフォードナノポアテクノロジーズ（ONT）社のナノポアを使ったタンパク質配列解読（nanopore protein sequencing：NPS）も bioRxiv に

"Multi-pass, single-molecule nanopore reading of long protein strands with single-amino acid sensitivity" と題したプレプリント（Motone K et al. bioRxiv 2023.10.19.563182；https://doi.org/10.1101/2023.10.19.563182）で報告されており，今後が期待される。

3.2 新たな応用

生命科学分野において，新たな応用分野として注目されている領域を以下に列挙する。

ヒト個人ゲノム

これまでの個人ゲノム解析は，おもにショートリードシークエンサーによるリファレンスマッピングによるものであった。その解析においては，一塩基多型（single nucleotide polymorphism：SNP）を含む一塩基多様性（single nucleotide variant：SNV）は検出できても，構造変異（structural variant：SV）は不可能であった。それは，ショートリードで連続して読める長さが150塩基程度であるためで，ペアエンドシークエンシングしても現状ではSVを検出することは難しい。

PacBio HiFiリードによるロングリードでかつ高いシークエンスクオリティー値（quality value：QV）をもつDNA配列解読方法が普及していく今後の流れとして，ロングリードシークエンシングによる個人ゲノム解読が進んでいく情勢となっている。つまり，ショートリードによる参照ゲノム配列へのマッピングによるヒトゲノム解読手法から，個別のロングリードゲノム（個人ゲノム）ごとにwhole genome shotgun assemblyする流れになってきている（**図3-4**）。

シングルセル解析

シングルセル解析は，個々の細胞ごとに独立にデータを取得して解析する手法である。これにより，同じ種や組織として分類される細胞であっても，タンパク質やmRNAなどの発現量はそれぞれの細胞で異なり，その違いが機能発現に重要な役割を果たすことが具体的にわかってきている。

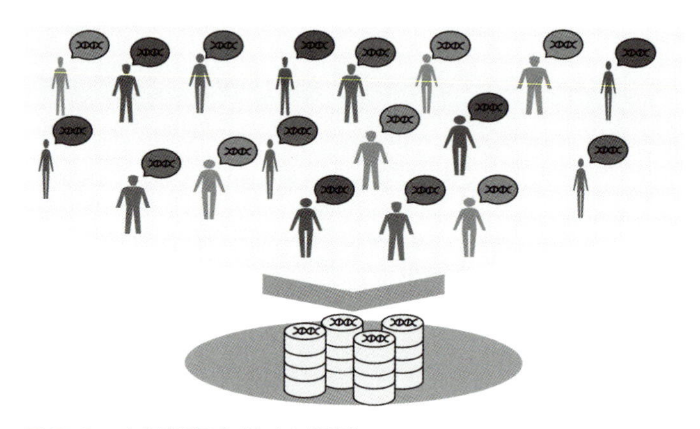

図 3-4　大規模個人ゲノム解析

シングルセル解析のおもなステップは以下のとおりである。

1. **細胞単離**：細胞を培養し，培養中の集団の細胞から単一細胞を採取する。単一細胞の採取にはフローサイトメーターやマイクロ流路，キャピラリーピッキングなど，さまざまな技術を応用した装置や手法が用いられる。
2. **測定**：採取した単一細胞ごとにサンプルを調製し，さまざまな解析を行う。代表的なシングルセル解析手法の１つがNGSを用いたsingle cell RNA-Seq（scRNA-Seq）と呼ばれる遺伝子発現解析である。
3. **データ解析**：scRNA-Seqでは取得した配列データから，細胞ごとに遺伝子発現量を網羅的にトランスクリプトーム解析できる。主成分分析などによって次元削減したデータから個々の細胞を特徴ごとにグループ分けする（クラスタリング）などの解析を実施する。

シングルセル解析は，がん治療や新型コロナウイルスの研究，人工多能性幹細胞（iPS細胞）の分化誘導技術など，多くの分野で活用されている。例えば，がん治療では，正常細胞と比較してがん細胞は不均一性があり，治療抵抗性に寄与する可能性が考えられている。シングルセル解析を用いてがん細胞ごとに遺伝子を解析することで，特定の細胞のみがもつ治療抵抗性遺伝子を同定し，有効なアプローチを選定する手助けとなりうる。今後も実用性が高まると考えられているが，scRNA-Seq の場合，一細胞当たりのリード数をどう増やすか，もしくはその代替方法が開発できるかがポイントであろう。

空間トランスクリプトーム解析

前述のシングルセル解析と関連して，空間トランスクリプトーム解析が注目されている。空間トランスクリプトーム解析は，組織内の特定の位置情報を保持したまま，遺伝子発現解析を行う技術である。この手法は，組織切片上の転写産物を一分子ごとに検出し，細胞境界情報と合わせて解析することで，個々の遺伝子が発現する位置（組織内の細胞や細胞内局在）と量を計測することが可能である。

空間トランスクリプトーム解析は，以下のような用途に使用される。

- 組織内に局在する，未知の細胞タイプ検出を含む各細胞タイプの推定
- 組織内に局在する各細胞タイプで特徴的に発現する遺伝子の同定
- 組織内における細胞間相互作用（細胞ペア，リガンドおよび受容体，経路）の推定
- 組織内の位置情報を考慮した pseudotime 解析による細胞系譜（分化経路）の推定
- 組織内の位置情報を考慮した RNA velocity 解析による細胞動態の評価
- 目的細胞の近傍にエンリッチする細胞タイプや発現遺伝子の同定

これまでの具体的な解析例としては，ヒト肺腺がん組織における制御性 T 細胞（T_{reg}）の局在や，マウス胎仔肝臓の造血幹・前駆細胞に隣接して存在する細胞タイプの同定などがある。このような解析は，発生学や疾患病理学，臨床研究などの分野で応用が期待されている。

空間トランスクリプトーム解析は，3 つの主要なタイプに分けられる。

1. 関心領域タイプ：レーザーや紫外線（UV）などで選択した組織切片上の関心

領域について，トランスクリプトーム（RNA-seq）解析を実施する手法。

2. スポットタイプ：基盤上に配置した 1 スポット単位で，遺伝子発現解析を実施する手法。空間的な位置情報を保持しながら，網羅的な遺伝子発現解析が可能。
3. シングルセル/一分子タイプ：組織切片上の RNA を一分子ごとに検出し，細胞境界情報と併せて解析することで，シングルセルまたはサブセル（一細胞以下）レベルで，トランスクリプトーム解析を実施する手法。

研究目的に合わせて最適な手法を選択することが重要である。

パンゲノム解析

パンゲノムは，特定の分類群において保持されている遺伝子の網羅的な遺伝子レパートリーを表す概念である。パンゲノム解析は細菌ゲノムの高い多様性に対処するために，細菌ゲノム解析において不可欠となっている。パンゲノム解析には大きく 2 つの要素がある。

- コアゲノム：集団に共通する遺伝子セットのことを指す。つまり，ある種で比較したならば，その系統群に必要不可欠な遺伝子ともいえる。
- アクセサリーゲノム：集団において一部，もしくはわずかな数のサンプルが保有する遺伝子セットのことである。

パンゲノム解析は，その進化を考えるためや，個別細菌を見るよりも遺伝子セットで見ることでさまざまな組成がわかるというような観点で利用される。また，特定の菌を詳しく研究するためにゲノムアセンブリを行う際に，他者とは何が違うのかという視点が必要になり，その際にパンゲノムの概念が必要とされる。

細菌のみならず，今後は whole genome sequence による，ヒトの集団や地域ごとのパンゲノム解析が行われていくことが予想される。それ以外にもコムギ，トマト，イネなどの主要作物においてパンゲノム解析が今後なされていくであろう。

エピゲノム解析

エピジェネティクスとは「ゲノム配列中のDNA塩基配列の変化を伴わない細胞分裂後も継承される遺伝子発現あるいは細胞表現型の変化を研究する学問領域」である。このような変化をゲノム全体に渡って調べるのがエピゲノム解析で，より具体的には，ゲノムに付加的に存在する化学的修飾や構造的な変化を調べる手法である。

エピゲノム解析のおもな手法として以下の2つがあげられる。

- **ヒストンのエピゲノム解析**：ヒストンはDNAが巻きつくタンパク質で，その修飾状態が遺伝子の発現と関連している。前章でも紹介したChIP-seqによって，ヒストンの修飾を調べることができる。また，RNAに転写されやすいオープンクロマチンの領域のみの塩基配列を解析することによって，オープンクロマチンがDNAのどの位置にあるかを調べ，それによって発現しやすい状態になっている遺伝子を知る手法としてATAC-seqがある。
- **DNAのエピゲノム解析**：DNA自身のメチル化を調べる方法として，バイサルファイト処理がある。この処理を行うと，メチル化されたシトシンはそのまま，メチル化されていないシトシンはウラシルという別の塩基に変化する。これを利用して，ウラシルに変化したかどうかで，その場所のシトシンがメチル化されたものであったかどうかを判別することが可能である。

エピゲノム解析は，遺伝子発現の制御メカニズムの理解，疾患の原因解明，個体差の理解など，生物学・医学の多岐にわたる分野で利用されてきている。また，エピゲノムは環境や生活習慣などによって変化するため，個々の生物の生活履歴や健康状態を反映する情報をもっていると考えられている。

そのメチル化は，PacBioのHiFiリードの一種である5塩基HiFiシークエンシングを用いて，直接メチル化シトシンの検出が可能となっている。つまり，バイサルファイト処理やその他の特別なライブラリー調製法を必要とせず，シークエンサーで直接メチル化を検出できる。メチル化以外のアセチル化などのDNA修飾に関してもナノポアシークエンスによる直接的な解読が理論上は可能と考えられており，その技術開発への期待が高まっている。

3.3 新たな問題

ゲノム解読がハイスループットにできるようになってきたことで新たに生じてきた問題について，以下に述べる。

ゲノム編集技術の利用

個人ゲノムが解読されていくにつれて，さまざまな表現型に関係する変異情報がわかってきている。ゲノム編集技術によるヒト自身の改変が問題となってくることが懸念される。その端的な例が，ゲノム編集を利用したデザイナーベビーの問題である。デザイナーベビーとは，親が望む特性を子に与えるために，ゲノム編集技術を用いて遺伝子を操作することで生まれる子どものことを指す。この問題は，科学的，倫理的，社会的な観点から多くの議論を引き起こしている。

- **科学的な問題**：ヒト胚へのゲノム編集は 2020 年代の現在，安全性が確立したものではない。そのような技術を使って，予想していなかった病気や障害が生じた場合に，生まれてきた子どもは納得できるのか，誰がその子どもの人生に責任を負えるのか，といった問題が生じる。
- **倫理的な問題**：遺伝子操作により，子の特性を親の希望に沿ってデザインすること，いわゆるデザイナーベビーが倫理的に許されるのかどうかという問題がある。このような遺伝子操作は，子どもの自由や権利を侵害する可能性がある。
- **社会的な問題**：遺伝的な病気をもつヒト胚を，ゲノム編集を加えて治療すれば，健康な子どもを産むことが可能になるかもしれない。しかし，障害をもつ人が生きづらい社会になる，「親なら治療すべきでは」というプレッシャーが生じる，治療を受けられる人と受けられない人とで格差が広がる，といった反対意見も予測される。

2018 年には，中国の科学者がゲノム編集技術により遺伝子改変したヒト受精卵から双子を誕生させたという衝撃のニュースが流れた。この事件は，ゲノム編集技術の倫理的な問題を世界中に広め，この新しい技術の適切な使用と規制について深く考えるきっかけとなった。これらの問題を解決するためには，科学者，政策立案者，一般市民が一緒になって，ゲノム編集技術の適切な使用と規制についてよく考え，議論することが不可欠である。

個人ゲノム情報の取り扱い

また，どんどん解読されていっている個人ゲノム情報の管理に関しても深刻な問題がある。研究機関以外に民間企業が個人ゲノム解読を営利目的で行うようになってきているからである。これは，ゲノム情報の管理の問題である。つまり，ゲノム情報がインターネット上に流出してしまうと，現在起こっているパスワードの流出以上の大問題となる。パスワードは変更すれば済むことであるが，個人ゲノム情報は不変だからである。個人ゲノム情報の保護に関して，法令の整備などが待たれる。

海外の遺伝資源の利用

グローバル化が進み，またコロナウイルス禍も一段落したことから，海外に行くことも増えてきている。そのような際に海外の生物の研究利用を検討することもあるだろう。生物多様性条約がそのようなことに関して言及している。その目的の１つとして「遺伝資源の取得の機会（access）およびその利用から生ずる利益の公正かつ衡平な配分（benefit-sharing）」が掲げられている。この access and benefit-sharing のことを略して ABS と呼び，海外の生物を使用する場合（死骸や当該生物由来の DNA，RNA も含む）に遺伝資源を取得した国の国内法に定められた手続きを行うことによって，ABS を約束して利益配分（金銭的な利益に限らない）する必要がある（参考：横井翔，石川綾子．総論：ABS と昆虫学．昆虫と自然 2024；59：2-5）。

遺伝資源に関して，遺伝子のデジタルデータ，すなわち塩基配列情報（digital sequence information：DSI）を対象とする議論が，生物多様性条約（Convention on Biological Diversity：CBD）の締約国会議（Conference of the Parties to the CBD：COP）において進んでいる。それは，2022 年 12 月にカナダのモントリオールで開かれた COP15 において，個別の国どうしではなく，多国間メカニズムによって DSI の利益配分が必要であるとの非常に重要な決定がなされたからである。その COP15 での決定は以下のとおりとなっている。

1. DSI の利用から生じる利益を公正かつ衡平に配分し，そのために多国間メカニズムを設置すること。
2. DSI からの利益配分の解決策は，効果的，効率的，実行可能でコスト以上の利益を生み，提供者と利用者の法的明確性を提供し，研究と革新を妨げずオープンアクセスとすること。
3. 以上のアプローチが条約および名古屋議定書の下での既存の権利および義務に影響を与えないこと。

今後，公的作業部会を設置し，多国間メカニズムを発展させて次回の COP16 で採択することが決定されている（参考：石川綾子．デジタル塩基配列情報〔DSI〕の ABS をめぐる国際動向．昆虫と自然 2024；59：23–27）。

これに関連して第 1 章の 1.2 節で述べた国際塩基配列データ共同研究（International Nucleotide Sequence Database Collaboration：INSDC）のアノテーションポリシーに変更があり，サンプルの採取国と収集日をメタデータとして提供することが 2023 年末までに義務づけられた。これよって，DSI がどの国からいつ採取されたものかが INSDC のデータベースから追跡可能となる。国レベルならまだしも，採取場所が詳細に特定可能となると，そのような情報が逆に生物多様性に影響する懸念もあり，今後の適切な運用が求められていくことになるであろう。

前述のように研究活動が妨げられることはないはずであるが，今後，公共塩基配列データを利用したメタ解析に何らかの制限がかかってくるのではないかと懸念されている。

索引

欧文，和文の順に収載。f は図，t は表，c はコラムを表す

欧文

数字・ギリシャ文字

II 型制限酵素　9
3′ EST　26
3′ 側（3′ end）　3
5′ EST　26
5′ 側（5′ end）　3
5 塩基 HiFi シークエンシング　125
454 Life Sciences　36 t, 39
1,000 ドルゲノム　21 t
1,000 人ゲノム計画　21 t
4150 TapeStation　70f
η クリスタリン　98
φX174　13

A

ABS（access and benefit-sharing）127
adenine（A）　3
Affymetrix　30f
Agilent　29, 70f
aldehyde dehydrogenase　97
AlphaFold　109, 110c
AlphaFold Protein Structure Database　110c
AlphaMissense　109
Apis cerana japonica　45
apyrase　39
Arabidopsis thaliana　24 t
ATAC-seq（assay for transposase-accessible chromatin using sequencing）　96, 125
Atlas of Protein Sequence and Structure　15
AUGUSTUS　95
AVITI　115

B

Bacillus，NCBI での検索例　46f
Bacillus coagulans　44
BCL ファイル　76
Benchmarking Universal Single-Copy Orthologs（BUSCO）　89
bibliome 解析　111
Biological Process（GO の）　99
BioProject　18
BioSample　18
Bodymap　26
Bodymap-XS　28f
BRAKER/BRAKER3　95
BUSCO（Benchmarking Universal Single-Copy Orthologs）　89

C

Caenorhabditis elegans　24 t
CAGE（cap analysis of gene expression）　95
Cas9（CRISPR-associated protein 9）　106
Cas タンパク質　10
CBD（生物多様性条約）　127
CCS（circular consensus sequence）80
cDNA（complementary DNA）　9, 32
Celera　19, 24
Cellular Component（GO の）　99
ChIP-chip（ChIP-on-chip）　31
ChIP-seq（chromatin immunoprecipitation sequencing）　96, 125
ChIP-seq と ATAC-seq によるアノテーション　96
chromatin immunoprecipitation on chip　31
chromosome conformation capture　91
Chrysanthemum seticuspe　71 t
circular consensus sequence（CCS）80
CLI（コマンドラインインターフェース）　62c
CLR（continuous long read）　80
Clustered Regularly Interspaced Short Palindromic Repeats（CRISPR）　106
Command Line Interface（CLI）　62c
complementary DNA（cDNA）　9
contig　89
continuous long read（CLR）　80
controlled vocabulary　99, 105
Convention on Biological Diversity（CBD）　127
COP15　128
Copidosoma floridanum　88 t, 90 t
core gene set　89
CpG アイランド　94 t
CRISPR（Clustered Regularly Interspaced Short Palindromic Repeats）　106
CRISPR-associated protein 9（Cas9）　106
CRISPR-Cas9　10, 106
Cys（システイン）　119
cytosine（C）　3

D

DDBJ（DNA DataBank of Japan）16, 16 t
DDBJ Sequence Read Archive（DRA）　16
ddNTP（ジデオキシヌクレオチド）14
de novo トランスクリプトームアセンブル　33, 34f
deoxynucleotide（dNTP）　14
deoxyribose　3
dideoxynucleotide（ddNTP）　14
digital sequence information（DSI）127
diploid　70
diploid aware　90
DNA　1, 3, 4f
　——のエピゲノム解析　125
　——の量と質　66
DNA DataBank of Japan（DDBJ）16 t
DNA シークエンサー　73
DNA シークエンシング　27f

DNA 配列解読技術，進展　36
DNA ポリメラーゼ　6, 7f, 13, 15
dNTP（デオキシヌクレオチド）　14
double strand break（DSB）　9
Dovetail　92
DRA（DDBJ Sequence Read Archive）　16
Drosophila melanogaster　24 t
DSB（二本鎖切断）　9
DSI（digital sequence information）　127

E

E（エクサ）　17 t
EBI（European Bioinformatics Institute）　16 t, 59
Eco RI　10f
Element Biosciences　115
EMBL　16
EMBL-DB　16 t
ENA（European Nucleotide Archive）　16 t
Enrichr　105 t
Ensembl Genome Browser　56, 59, 59f, 60f, 97
EnsemblBacteria　61
EnsemblFungi　61
EnsemblGenomes　61, 61f
EnsemblMetazoa　61
EnsemblPlants　61
EnsemblProtists　61
Entoria okinawaensis　47f, 48
Escherichia coli K-12 MG1655　24 t
EST（expressed sequence tag）　25 t, 26, 27f, 33
eta crystallin　98
European Bioinformatics Institute（EBI）　16 t, 59
European Nucleotide Archive（ENA）　16 t
exon　6
expressed sequence tag（EST）　25 t, 26
External annotation import　61

F

FACS（蛍光励起セルソーティング法）　23c
Fanflow（functional annotation workflow）　100, 101f
FANTOM 国際コンソーシアム　27
FAST5 ファイル　85
FASTQ ファイル　76
FASTQ フォーマット　33f
fluorescence activated cell sorting（FACS）　23c
Flye　90, 90 t
free living　24
Full genebuild　60
Functional Annotation of Mouse/Functional Annotation of the Mammalian genome　27
functional annotation workflow（Fanflow）　100

G

G（ギガ）　17 t
GABA 高蓄積トマト　108 t
GenBank　16, 16 t
gene　6
gene finding　25
Gene Ontology（GO）　94 t, 99
GeneChip　30f
GeneMark　95
genome　1
genome assemble　87
genome assembly　87
genome wide association study（GWAS）　108
GO（Gene Ontology）　99
Google DeepMind　109, 110c
GPU（graphical processing unit）　85
Graphical User Interface（GUI）　62c
GRCh37/GRCh38　59
GS FLX/GS Junior　36 t, 39
guanine（G）　3
GUI（グラフィカルユーザーインターフェース）　62c
GWAS（ゲノムワイド関連解析）　108
GWAS Catalog　109

H

Haemophilus influenzae　22, 24 t
haploid　70
HDF5（hierarchical data format）　85
Heyndrickxia coagulans　44
hg19/hg38　59
Hi-C（high-throughput chromosome conformation capture）　63, 91
　概念図　92f
　データの可視化　96f
hierarchical data format（HDF5）　85
Hifiasm　90, 90 t
HiFi リード　81
　得られるまでの概要　83f
high-throughput chromosome conformation capture（Hi-C）　91
HiSeq　36 t
Homo sapiens　24 t
homolog　97

I

IGV（Integrative Genomics Viewer）　97
Illumina　36 t, 78f, 115
incorporate　118f
INSDC（国際塩基配列データ共同研究）　16, 128
Integrative Genomics Viewer（IGV）　97
International Nucleotide Sequence Database Collaboration（INSDC）　16, 128
interrogate　118f

和文

あ
アイソフォーム　34
アオシソ PF40　103f
アオノリ　88 t, 90 t
アカシソ　88 t, 90 t, 103f
アガロースゲル　14f
アクセサリーゲノム　124
アセチル化　125
アセンブル　33
アダプター　75
アデニン（adenine）　3, 4f
アノテーション　93, 93f, 94 t
　ChIP-seq と ATAC-seq による
　　——　96
　遺伝子コード領域の——　94
　染色体上の近接の情報の——
　　95
　転写開始点の——　95
アノテーションポリシー　128
アフィメトリックス　30f
アフリカツメガエル　71, 71 t
アマミナナフシ　48
アミノ酸配列　6
アミノペプチダーゼ　120
新たな次世代シークエンサー　115
アルキル化　120
アルデヒドデヒドロゲナーゼ（aldehyde dehydrogenase）　97
アレルゲン低減卵　107
アワヨトウ　88 t, 90 t

い
鋳型　5
一塩基多型（SNP）　121
一塩基多様性（SNV）　121
一倍体（haploid）　70
遺伝子（gene）　6, 7f
遺伝資源の取得の機会およびその利用から生ずる利益の公正かつ衡平な配分（ABS）　127
遺伝子コード領域のアノテーション　94
遺伝子重複　98f
遺伝子転写産物　22 t
遺伝子ノックアウト　106
遺伝子領域予測（gene finding）　25
インデックス配列　78
イントロン（intron）　6, 7f
インフルエンザ菌　22, 24 t

う
ウイルス　2c
ウラシル　125
ウルトラロングリード　86

え
エクサ（E）　17 t
エクソン（exon）　6, 7f
エピゲノム解析　125
エピジェネティクス　125
塩基　3
塩基配列情報　127
エンコード表　40
エンドペプチダーゼ　120
エンベロープ　2c
エンリッチメント解析　102
　解析用ウェブツール　105 t
　例　104f

お
オーソログ（ortholog）　98, 98f
オーソログ割り当て　97
オックスフォードナノポアテクノロジーズ（ONT）　84, 120
オフターゲット　107
オープンクロマチン　96, 125
オボムコイドタンパク質　107
オリゴ dT　26
オルガネラ　2

か
科（family）　47
海外の遺伝資源の利用　127
開始コドン　8 t
回文配列　9
可逆的ターミネーター　75
核小体　1f
学名（scientific name）　43
核様体　1f
隠れマルコフモデル　25
可食部増量マダイ　108 t
かずさ DNA 研究所　25
カスタム経路ダイアグラム　114f
カスタムトラック　97
カスタムプローブ　31
カタログアレイ　35
ガバレッジ（ゲノムの）　88, 88 t
カリフォルニア大学サンタクルーズ校（UCSC）　56
がん細胞　122
関心領域タイプ　123
完全長 cDNA 解読　26

き
偽遺伝子　22 t
ギガ（G）　17 t
機械学習　84
キク　71 t
キクタニギク　71 t
キネティックシグネチャー　119f, 120
機能アノテーション　94 t, 97
逆転写　27f
逆転写酵素（reverse transcriptase）　9, 25
キャピラリー　19
教師あり学習　84
京都大学化学研究所　16 t
莢膜　1f
ギルソン　64
キロ（k）　17 t
キンウワバトビコバチ　88 t, 90 t
近縁種の調べ方　47f
近接ライゲーションアッセイ　92

く
グアニン（guanine）　3, 4f
空間トランスクリプトーム解析　123
クラスター解析　26

クラスター形成　75
クラスタリング　26, 27f
グラフィカルユーザーインターフェース（GUI）　62c
クリスタリンタンパク質　97
クローニングベクター　23c
クロマチン　3f, 91
クロマチン構造　92f
クロマチン免疫沈降　31

け

蛍光標識　15
蛍光励起セルソーティング法（FACS）　23c
系統（strain）　53
経路データの利用　112
ゲノム（genome）　1
ゲノムアセンブラ　89
ゲノムアセンブリ（genome assembly）　87
　――のバージョン　59
ゲノムアセンブル（genome assemble）　87, 87f
ゲノムアノテーション　55, 94, 94 t
　データの統合化　62
ゲノムアノテーションの可視化　97
ゲノム解析　43
　全体の流れ図　44f
ゲノムデータの解釈　102
ゲノム配列解読　73
ゲノム配列解読のためのサンプリング　63
ゲノム配列
　公共データベース　47
　品質　53, 90 t
ゲノムブラウザ　56, 97
ゲノム編集　9, 105
　技術の分類　106 t
ゲノム編集技術の利用　126
ゲノム編集ジャガイモ　107
ゲノム編集食品　107
ゲノム編集ターゲットデザイン　107
ゲノムワイド関連解析（GWAS）　108

ケープハネジネズミ　98
ケミストリー　73
原核細胞　1, 1f
検出力　35

こ

コアゲノム　124
公共データベース　43
公共トランスクリプトームデータ　109
　メタ解析　111 t
高成長トラフグ　108 t
高成長ヒラメ　108 t
酵素　9
構造変異（SV）　121
酵素番号　94 t
国際塩基配列データ共同研究（INSD-C）　16, 128
国際共同研究連合　19
国立医学図書館（NLM）　52
国立遺伝学研究所　16 t
個人ゲノム解析　121
個人ゲノム情報の取り扱い　127
コスト，ヒトゲノム解読の――　20f
コード遺伝子　22 t
コドン表　8 t
コマンドラインインターフェース（CLI）　62c
コムギ　71 t
コルテバ・アグリサイエンス日本株式会社　108 t
コロナウイルス科　2c
コンタミネーション（contamination）　52

さ

栽培ギク　71 t
細胞核　1f
細胞間相互作用　123
細胞系譜　123
細胞小器官　2
細胞タイプ検出　123
細胞壁　1f
細胞膜　1f

サザンブロット法　28
サナテックライフサイエンス株式会社　108 t
サブマリン電気泳動　14f
サンガー，フレデリック　13
サンガー法（Sanger sequencing）　13
サンプリングの流れ図　63f
三名法　45

し

シアノバクテリア　24 t
シークエンスクオリティー値（QV）　116f, 118f
シークエンスラン　78
システイン（Cys）　119
ジスルフィド結合　119
次世代シークエンサー（NGS）　73
次世代シークエンス法（NGS）　15
　一覧　36 t
次世代タンパク質シークエンサー　117
シソ，ゲノム比較　103f
実験自動化　71
質問配列　99
質量分析　120
ジデオキシヌクレオチド（ddNTP）　14
自動核酸精製装置　68f
シトシン（cytosine）　3, 4f
シノニム　44
ジャガイモ　107
種（species）　47
終止コドン　8 t
出芽酵母　24 t
種分化　98f
ショウジョウバエ　24 t
常染色体　3f
ショートリードシークエンサー　73
試料，ゲノム解読のための――　63
シロイヌナズナ　2, 24 t
真核細胞　1, 1f
新型コロナウイルス　2c
新規低酸素応答性遺伝子の探索

倍数体　70
バイナリ形式　76
バイナリベースコール　76
パイプライン　95
配列相同性　97, 98c
配列類似性　98c
パイログラム　39
パイロシークエンス（pyrosequence）法　36 t, 38
バクテリオファージ　13
ハチ目　71
発現マイクロアレイ　25 t, 28
　解析の流れ　31f
パラフィルム　65, 67f
パラログ（paralog）　98f
パリンドローム配列　9, 10f
パンゲノム　124
パンゲノム解析　124
パンコムギ　71 t
半数体 → 一倍体
半導体チップによるプロトン測定法　36 t

ひ
比較ゲノム解析　61, 102
非コード RNA（ncRNA）　28
非コード遺伝子　22 t
ビーズ式細胞破砕装置　68f
ヒストンのエピゲノム解析　125
ヒト　24 t
ヒト遺伝子，数　22 t
ヒトゲノム解読
　コストの推移　20f
　歴史　21 t
ヒトゲノム計画　19
ヒト個人ゲノム　121
ヒトドラフト（概要版）ゲノム　21 t
ビブリオーム（bibliome）解析　111
　解析例　112 t
ピペットマン　64
ピロリン酸（PPi）　39

ふ
フィルターチップ　67
複製（replication）　6, 7
プラスミド　1
ブリッジ増幅　75
フルオロメーター　69f
フローセル　75, 82f, 86f
プロトコル　63
プロトン　40
プロバイオティクス　44
文献データの利用　111
分光光度計　69f
分子生物学　1
分類（taxonomy）　47

へ
ペアエンドシークエンシング　77
平滑末端　9
ベースコール　76, 85
ベストヒット　99
ペタ（P）　17 t
鞭毛　1f

ほ
放射性同位体（RI）　19
ホモポリマー　41, 117
ホモログ（homolog）　97
ポリ(A）配列　26
ポリ(A）領域　117
ポリアクリルアミドゲル　14f
ボルテックス　65f, 66
翻訳（translation）　6, 7f

ま
マイクロアレイ　28
　RNA-Seq との比較　34
　解析に必要なもの　35 t
　実験装置　29f
マイクロチューブ　64, 64f
マイクロピペット　64, 64f
マウス　24 t
マッピング　23c, 33f, 94

み・む
ミトコンドリア　1f
ムーアの法則（Moore's law）　20

め・も
メガ（M）　17 t
メタゲノム解析　69
メタデータ　53
メタン菌　24 t
メチル化されたシトシン　125
メッセンジャー RNA（mRNA）　6
毛細管　19
モデル生物
　——のゲノム解読　22
　——のゲノムデータベース　55
　——のゲノム配列決定年表　24 t

や
山中４因子　27

ら・り
ライブラリー　75
ラボオートメーション　71
リガーゼ（ligase）　39
理研マウスエンサイクロペディアプロジェクト　26
リージョナルフィッシュ株式会社　108 t
リシン（Lys）　120
リード数　34
リファレンスありの RNA-Seq データ解析　32
リファレンストランスクリプトームセット　32
リファレンスなしの RNA-Seq データ解析　33, 34f
リボソーム　1f, 6, 7f
リン酸（phosphate）　3, 4f

る・れ・ろ
ルシフェラーゼ（luciferase）　38
レコグナイザー　119f, 120
レトロウイルス　2c, 9
ロングリードシークエンサー　73, 79, 79 t

わ
ワキシートウモロコシ　108 t

著者紹介

Dr. Bono こと，坊農秀雅（Dr. Hidemasa Bono）

広島大学大学院統合生命科学研究科/ゲノム編集イノベーションセンター 教授
京都大学博士（理学）

2020年4月，広島大学ゲノム編集先端人材育成プログラム（卓越大学院プログラム）においてバイオインフォマティクスを教える特任教員に転職。これまでの公共データベースを作成・維持し普及する立場から，その使い方を教えながら自らも使い倒す側になった。

しかし前職とは異なり自らが研究室主宰者（PI）としてゲノム情報科学研究室（bonohulab）を立ち上げ，遺伝子機能解析のツールとして広く使われるようになってきているゲノム編集で必要とされるデータ解析基盤技術を開発し，バイオインフォマティクス手法を駆使した遺伝子機能解析を行っている。

産官学連携の「共創の場」となるべく，有用物質生産生物のゲノム編集に必須なゲノム解読やトランスクリプトーム測定が可能となるようなウェットラボもセットアップし，これまでのアカデミアの共同研究者たちに加えてゲノム編集を利用していきたい企業との共同研究も広く手がけている。

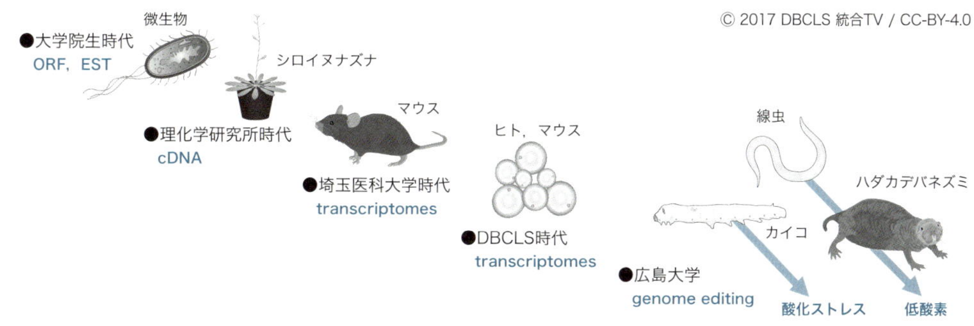

1995年　東京大学教養学部 卒業
2000年　京都大学大学院理学研究科生物物理専攻博士後期課程 単位取得退学後，理学博士
2000年　理化学研究所 横浜研究所 ゲノム科学総合研究センター 遺伝子構造・機能研究グループ 基礎科学特別研究員
2003年　埼玉医科大学ゲノム医学研究センター 助手，その後講師，助教授を経て，准教授
2007年　情報・システム研究機構ライフサイエンス統合データベースセンター（DBCLS）特任准教授
2020年　広島大学大学院統合生命科学研究科 特任教授，その後2023年より教授

DBCLSにjoinするまでのキャリアパスは統合TVも参照。
「生命科学分野のデータベースを統合する仕事：落ちこぼれ大学生が. DB（Doctor of the database）にいたるまで」
https://doi.org/10.7875/togotv.2010.007

なお，本書の正誤表は，以下のURLから公開されている。
https://www.medsi.co.jp

Dr. Bonoのゲノム解読
NGSによるシークエンシングとデータ解析の今
定価：本体3,200円＋税

2024年11月27日発行　第1版第1刷 ©

著　者　坊農（ぼうのう）　秀雅（ひでまさ）

発行者　株式会社　メディカル・サイエンス・インターナショナル
代表取締役　金子 浩平
東京都文京区本郷1-28-36
郵便番号113-0033　電話（03）5804-6050

印刷：三報社印刷
表紙装丁：酒井　春

ISBN 978-4-8157-3120-5　C3047